岭南园林

刘管平 著

华南理工大学出版社

·广州·

图书在版编目（CIP）数据

岭南园林/刘管平著. —广州：华南理工大学出版社，2013.11
ISBN 978 - 7 - 5623 - 3837 - 6

Ⅰ. ①岭…　Ⅱ. ①刘…　Ⅲ. ①园林设计-中国-文集
Ⅳ. ①TU986.2 - 53

中国版本图书馆 CIP 数据核字（2012）第 271847 号

Ling-nan Garden

岭 南 园 林

刘管平　著

出 版 人：韩中伟

出版发行：华南理工大学出版社

（广州五山华南理工大学 17 号楼，邮编 510640）

http：//www. scutpress. com. cn　E - mail：scutc13@ scut. edu. cn

营销部电话：020 - 87113487　87111048（传真）

责任编辑：胡 元 龙 辉

印 刷 者：广州家联印刷有限公司

开　本：787mm × 1092mm　1/16　印张：18.25　插页：1　字数：251 千

版　次：2013 年 11 月第 1 版　2013 年 11 月第 1 次印刷

定　价：83.00 元

目录

引论　走进中国古典园林／1

第一部分　园　林／9

一　岭南园林的特征／9

二　岭南州府园林的形成与特点／12

三　惠州西湖的形成及其园林特色／23

四　汕头市金砂公园规划设计／57

五　新会市圭峰山风景名胜区总体规划／71

六　风情文化与风景名胜规划／78

七　城市环境空间再生的探讨／93

八　风景名胜区和公园的规划设计／105

第二部分　庭　园／114

一　岭南古典庭园／114

二　庭园景观与意境表达／126

三　庭园水局的构景艺术／153

目录

四　广州文化公园 "园中院" / 165

五　隆中风景区诸葛草庐规划 / 175

第三部分　小 品 / 191

一　关于园林建筑小品 / 191

二　园林建筑小品的设计 / 235

第四部分　小 语 / 249

一　走桂滇 / 249

二　水流云自还，适意偶成筑——记可园 / 255

三　雷州感怀 / 261

附录一　已发表的文章目录 / 264

附录二　书中涉及的工程项目 / 274

附录三　作者指导的研究生论文成果 / 276

参考文献 / 283

引论　走进中国古典园林

　　中国人自古以来就有着亲近自然、追逐山水的欲望。孔子曰：智者乐水，仁者乐山；智者动，仁者静。说的就是这个道理，同时也说明了山水在中国人心目中的崇高地位。"高山流水"在古人心中是品德高洁的象征，于是古人歌颂山水，便出现了山水诗；古人描绘山水，便出现了山水画；古人创造山水，便出现了中国古典园林。

　　我国古典园林起源于何时，至今尚无明确定论。传说轩辕黄帝就有"悬圃"的构造。《礼记·礼记》："昔者先王未有宫室，冬则居营窟，夏则居槽巢。"即便是到了旧、新石器时代的繁荣时期，有了典型的村落和农田，这都不足以说明园林的萌芽。只有从原始社会向奴隶社会转变后，随着生产力的发展、财富的积累，奴隶主们不再满足于陶器的装饰，开始向往生活以外的舒适场所，这就为园林的产生提供了条件（图1）。

图1　新石器时代的阴山岩画

　　我国最早见于文字记载的园林形式是"囿"，园林的主要建筑物是"台"，中国园林的雏形便产生于囿和台的结合，出现于奴隶社会后期的殷末周初，距今已有三千多年的历史。殷、周时期，奴隶主、诸侯所经营的园林可称之为"贵族园林"，有文献记载最早的两处是殷纣王修建的"沙丘苑台"和周文王修建的"灵囿、灵台、灵沼"。灵囿实际上是占地广阔的皇家园林及供贵族狩猎与游玩之地，同时也是礼仪场所；灵台建于高地之上，是观察天象、气候和祭祀的场所；灵沼是园中的池沼洼地，用于放养鸟禽与鱼虫，喻示君主和自然万物和谐一体。囿台以满足上层社会统治阶级的精神需要为主要特征，同时具有审美价值。台、囿的出现说明人们对大自然环境的生态美有了初步认识和利用。图2所示为汉朝上林苑。

图 2　汉朝上林苑

　　"园林"一词，最早见诸文字者，是在西晋以后的诗文中，唐代诗人亦多用之。如：

暮春和气应，白日照园林。（西晋　张翰）

饮啄虽勤苦，不愿栖园林。（南朝宋　何承天）

南山当户牖，沣水映园林。（唐　岑参）

同为懒散园林客，共对萧条雨雪天。（唐　白居易）

但自唐宋直到明清，指称私家建造的宅园，并非仅"园林"一词，还有宅园、园宅、园池、园圃、池亭、林亭、园亭，等等。

自然山水作为人的自觉审美对象，兴起于魏晋南北朝时期。晋人充分发掘自然山水之美，不仅游山玩水，流连忘返，而且于恣意游鉴中常竞相吟咏。自然山水不仅是审美对象，也已成为诗歌散文的主要创作题材，山水诗也正是兴盛于这一开发自然山水的庄园经济时代。

魏晋南北朝时期造园的主流，只是门阀士族地主们所建的、同他们自给自足的庄园经济生活结合在一起的庄园，其中特别具有造园学意义的，是那些建在自然山水之间的庄园，如北魏《洛阳伽蓝记》中张伦景阳山式的宅园"园林山池之美，诸王莫之"；孔灵符之"永兴别墅"，既是规划很大的自然经济庄园，又为山水优美之地。园主由于多为诗文大家，故而有着高深的文化修养和艺术家深微的审美观察能力，他们通过山居生活的建筑实践，从空间艺术上提出许多精辟的论点，并诉诸文字而流传百世。如石崇的《金谷园序》、潘岳的《闲居赋》、谢灵运的《山居赋》，以及大量山水诗等，对后世的造园创作思想和园林艺术的发展都有着深刻的影响。图3所示为北魏敦煌壁画九色鹿本生。

严格意义上的造园艺术应是与山水画同时兴起于自然山水的城市经济繁荣的生活时代——中唐前后，至宋臻于完善。而唐代正是历史上诗歌艺术发展的高峰期，有丰富的艺术创作成果流传于世。山水诗人的杰出代表王维更是园、画兼长，其《辋川别业》充分反映了他对山居自然景色的观赏，更多是借景抒情，触情于景月。斤竹岭、辛夷坞、华子冈等山川景物，在园中构成了一种清涵脱俗的韵味。主人用

图 3 北魏敦煌壁画九色鹿本生

笔墨写出了自然风光给予人的心灵境界与生命情调，而非局限于园林本身的面貌：

《辋川集·华子冈》

飞鸟去不穷，连山复秋色。

上下华子冈，惆怅情何极。

《辋川集·斤竹岭》

檀栾映空曲，青翠漾涟漪。

暗入商山路，樵人不可知。

《辋川集·辛夷坞》

木末芙蓉花，山中发红萼。

洞户寂无人，纷纷开且落。

如此等等，都是以情韵胜。这种形成于唐代的抒情写意的文人园林所具有的独特的审美趣味可视为中国造园的精髓，并一直延续贯穿至宋元明清的园林历史。

唐宋城市宅园的主要功能，是为园主邀朋会友、饮酒赋诗、宴朋享乐的集会提供一种赏心悦目的活动场所（图4～图7）。这个时代的田居生活方式，决定了其私家宅园的特征，空间规模较大，造景以池

引 论 **走进中国古典园林**

为主，总体规划大致如白居易在《池上篇》所总结的"十亩之宅，五亩之园。有水一池，有竹千竿"，此为唐宋宅园的基本模式。

图 4 唐代展子虔《游春图》

图 5 唐代骊山华清宫

5

图6　宋代寿山艮岳　　　　　图7　宋代郭熙《早春图》

　　明清园林相比之前，其与居住生活环境的关系更为密切、统一，是名副其实的"宅园"。在一处小小的普通宅院中，以写意化的造景手段稍加整治，略略点缀景点一二，随意设置小品三两，便足以达到"芥子纳须弥"式的人间别境之效果。其关键均在"心造其境"，创造一种清涵、超逸、空灵而隽永的"诗境"，这在明清文人园林中是普遍追寻的一种境界（图8）。又由于文人在审美风尚方面的倡导，而影响到皇亲国戚的园林。到清代，皇家园林已全面吸收江南文人园林的诗情画意和具体手法，使其既具备恢宏气势，又不乏婉约变化、优雅自然的韵致（图9）。而诗词艺术在其中的影响，除了如前代对园林或描景或诉情，更是被大量地运用到造园艺术之中。

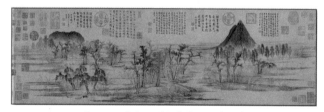

图8　元代赵孟頫《鹊华秋色图》

图9　清代承德避暑山庄水心榭

中国园林之有别于西方园林，在于它绝非建筑之外的环境绿化和美化，而是包含了建筑在内的表现与概括自然并荟萃与积淀文化的园居生活环境。以景寓情，感物咏怀，不只是诗画的审美追求，也是古典园林发展过程中日益明确并最终确立的创造宗旨。

园林是一种极为生动的文化信息载体，物化着创造者的空间意识、审美观念、人生情趣、艺术修养和层次。《园冶》"兴造论"中有"三分匠，七分主人"之说，意即园林好坏在于主持园林规划设计人的品位和园主的修养。所谓"意奇则奇，意高则高，意远则远，意深则深，意古则古，庸则庸，俗则俗矣"。常言道：功夫在诗外，造园亦然。

人们的生活方式、审美观念、人生情趣，等等，无不随着朝代的变革、社会经济的发展而不断地变化，对今天的园林创作而言，既然

7

人的活动本身是构成景观的一个重要内容，就应考虑现代人的生活方式、审美观念及趣味，创造出更适于当时当地人们生活要求的园林，而不应食古不化地生搬硬套、抄袭模仿。

只有理解过去，才能把握今天，创造未来。

第一部分　园　林

一　岭南园林的特征

（一）关于岭南园林特征产生的依据

白居易在《庐山草堂》里面题过一副对联，"天与我室，地与我所"，天地时空反映了社会历史的沉积和自然气候的生存环境，传递了人们生存环境十分美好的意义，这里说明了两个岭南特征。关于岭南人的社会形成历史过程，据东晋出土文物和《南越史记》可考：春秋战国末年，越为楚灭，越贵族南逃，称王，后人称"百越"，广东系"南越"。秦始皇统一中国后，北筑长城，南平百越，派任嚣（河北人）为郡尉统治广东。秦朝末年，龙川县令赵陀（河北人），乘秦官任嚣死，弃秦亲信，自称"蛮夷大酋长"。至汉代，汉高祖封为南越王（吕后时，自称"南越武帝"），刘邦以安抚政策使赵陀归顺。唐末（五代十国）刘龑，乘中原大乱，自称"大越皇"，国号为"南汉"，此时经济活跃，大建离宫，刘铱更甚。宋代期间，朝廷以安抚政策结束了岭南土皇帝时代。前后共 1 360 年中，真正建国盛期仅 350 年左右，二度出现皇家园林（袭中原，装修大有超之）。可见，岭南园林第一个就是皇家园林，还有一些竖向立体的水系。此园林属于皇家园林。

而岭南的地理气候，即人的生存环境特点是：烈日长、临海近

（海礁石）、丘陵广、台风雷暴多、水网密、泥土为冲积层、粘性土、气候潮湿炎热。

（二）关于岭南园林特征的模式

历史上岭南园林有以下四种模式：

1. 皇家园林

始于南越（秦末），汉高祖封赵陀为"南越王"，殃于南汉（宋初），大宝十四年降宋（350 年/1360 年）。

2. 州府园林

广东有个非常好的地方叫惠州西湖，非常出名。如果说杭州西湖是皇家的金火，惠州西湖就是素装而成，二者互相竞秀，不同风格，丰富了中国的园林历史。

州府园林具有三个特性：第一，民间性。起于水利，着眼灌溉、育鱼。实行"免民钱、利归民"政策。第二，简朴性。"非层楼杰阁"，"制度简朴"，"结构之材不贵"，不以华丽夺人，以素构取法。"为高必用丘陵"，注重因地制宜。第三，谪意性。此类园林多为被贬至地方的官员所建，如唐·乾四年张昭远所建的"郎官湖"，后称"谪官湖"。

3. 寺庙园林

寺庙园林形成的原因和过程受到岭南地区的自然风景区、宗教的传入和各教派及其演化的影响。

4. 私家园林（岭南庭园）

此类园林具有以下三个特征：第一，随意性。如东莞可园"水流云自返，适意偶成筑。小桥如野航，恰受人三两。新堂成负廊，水木恰幽编"。第二，兼容性。从余荫山房的平面布局到装修格调，都体现了"古今中外，皆为我用"的造园理念。第三，地方性。船厅"一棹入云深"（逍遥台）。

（三）关于岭南园林特征的表达

岭南宅园的空间和建筑结构都很注重自然通风降温，如东莞可园：可见坐北朝南的长廊引疏栏；一折一殊赏，前水后山；小桥如野航，凉庭冷巷；恰受人三两的远房小院；新堂成负廊；建筑多见有支柱层、吊脚楼等。

岭南园林建筑的功能与其形式密切相关：以荫棚骑楼防晒防雨；以住宅的锅耳山墙来防火防台风；建筑基础以石础来防湿防虫；用夯土墙来防蚀防漏。

（四）关于岭南园林特征的延续问题

用新的概念去深化与拓展的园林含义，包括由于生态学和环保学的兴起和发展，在相关学科的渗透影响下，出现互长互进的现象；由于人居环境不断恶化，人的生存意识促使自然化的园林效能升值；由于经济发展下的城市化趋向，使城市园林出现了新的格局（山水、生态）；现代电子信息技术广泛融入人们的生活，住宅里的人足不出户，就可购物、炒股、受教育、享受医疗服务，甚至住宅关门开窗也实现全自动化，等等。

用新的思维进行园林规划的策略，如深圳大梅沙概念投标、深圳福田城市广场以及森林（生态）公园等，其中都有许多新思维影响园林规划。

二 岭南州府园林的形成与特点

岭南之地，五岭隔绝，负山阻海；山川毓秀，品物蕃庶，远通洋海。南粤群山，"来龙远发，形势雄大"（《粤中见闻》），含有多种岩性地貌，如粤北丹霞山的红色砂岩地貌，罗浮山的花岗岩地貌，端州七星岩的岩溶"峰林"地貌，西樵山、湖光岩的火山地貌，等等。再有，岭南气候温和，雨量充沛，泉流密布，河流纵横，更使岭南的自然环境、风光物产独具异彩。

丰富的地形、地貌和得天独厚的气候环境，使岭南山水别具特色，州府之地皆得山水形胜。而作为一方之会的广州，更是负山面河，群丘环抱，湖洲点翠，极富胜迹，历代皆有八景之趣（参见图1.2.1～图1.2.4）。

图 1.2.1　浮丘丹井（《岭南名胜记》）

图 1.2.2　蒲涧濂泉（《粤东笔记》）

宋代八景：

扶胥浴日　海山晓霁　石门返照　珠江秋色
菊湖云影　蒲涧濂泉　光孝菩提　大通烟雨

元代八景：

扶胥浴日　石门返照　大通烟雨　蒲涧濂泉
白云晓望　景泰僧归　灵洲鳌负　粤台秋色

明代八景：

珠江晴澜　粤秀松涛　象山樵歌　药洲春晓
穗石洞天　番山云气　荔湾渔唱　琪琳苏井

清代八景：

粤秀连峰　五仙霞洞　孤兀番山　浮丘丹井
镇海层楼　东海渔珠　琶洲砥柱　西樵云瀑

从中可看出羊城景物之沧桑演变，而岭南州府园林的发展形成，更是独具异彩。

图 1.2.3　珠江秋色（黄公望作）

13

图 1.2.4　灵洲鳌负（《岭南名胜记》）

（一）岭南州府园林发展概况

傍州府之地，依凭岭南独具之瑰丽山水，经历代州府仕人修凿经营，文人骚客营构题咏，贬官谪客留迹遗贤，同时为民众提供水利生产、交通生活之利，略带"公园"性质、官民共享的风光胜地，不妨称之为州府园林，以便把这类半由天作、半因人巧的园林区别于一般的自然山水名胜。相较起来，州府园林带有更为浓厚的时代气息和历史文化色彩，多有人文营构，因物质生产不断得到发展而别具现实意义，对此类园林的研究更有利于今日园林的创作实践。

中国园林发展至唐代开始出现此类园林，如唐长安的曲江池。岭南州府园林也始于唐。"吴刺史陆允，以海水味咸，筑堤储水，以便民汲，名甘泉池……唐会昌中、节度使卢钧，复加疏凿以济舟楫，更饰广厦为踏青游览之所"（《岭南丛述》）。此处即为后来南汉的甘泉苑所在。

其后逐步发展起来的州府园林，留胜于今的有惠州西湖、雷州西湖、潮州西湖（山）、端州星湖七星岩，见于记载的有潮州东湖、连州海阳湖等。

1. 惠州西湖

惠州西湖素有"五湖六桥"之称，由平湖、丰湖、菱湖、鳄湖、南湖五个湖区组成，有烟霞桥、拱北桥、迎仙桥、西新桥、明圣桥、圆通桥，堤桥如带，三面青山环抱，湖岸弯环曲折，湖上洲屿点缀。

东汉时这里狼虎居之，尚无所谓湖，随着后朝的开发发展，方始成胜。宋余靖《开元寺记》中"重冈复岭、隐映岩谷，长溪带蟠、湖光相照"则是西湖风光的始见描述。

唐时，张昭远居舍人巷，命"郎官湖"便是西湖始名，宋唐庚子西又戏题"谪官湖"。治平三年（1066 年），陈偁知惠州，经划西湖，"筑堤捍水，延袤数里，中置水门备潦，叠石为桥于上，鱼利悉归于民，奏免课钱五十万"，"湖之利，溉田数万顷、苇藕蒲鱼之利，岁数万，官不加禁，民之取其利者众，其施丰矣。是以谓丰湖。"（《惠州西湖志》）

宋绍圣初（1094 年），文忠公苏东坡谪惠，为湖润色，惠湖遂与杭、颍西湖齐名。东坡于惠湖的建设"力必出己，志欲及物"，精神长存山水之间。

其后惠湖多有营筑修葺，西湖景色更是"泉源淳溢，波澜荡漾，鱼虾产育，菱茨布叶；烟云合散，凫鹭沉浮，桥梁亭树，杳霭飞动；雨降水溢，循渠奔飞，清激悦目，旁可列坐。上拟布石，用匽而止。鹅城万雉，半入鉴光。渔歌樵唱，朝久相闻"（杨起元《平湖堤记》）。故西湖形势之焕然完美，实历世悉心经营的结果，再加上劳动人民的甘辛劳作，而使"千百世胥其利"（图 1.2.5）。

图 1.2.5　惠州西湖（《惠州西湖志》）

2. 雷州西湖

雷州西湖位于粤西重镇古城雷州之西（图 1.2.6），先名罗湖，"发源于英灵诸冈"，"合两山溪涧诸泉而统注之，屈曲南趋入海"（嘉庆《雷州府志》，下同）。绍圣四年（1097 年），苏轼贬海南，路过雷州与被贬于此的弟弟苏辙相会，泛舟湖中，造喜雨亭，后来人们便以"西湖"名湖纪之。绍兴年间，知军何庚开始整治西湖，"如筑堤储水，建东西二桥，名曰惠济桥，下置闸，西闸引水由西山坡坎灌白沙田，东闸引水南流至通济桥，转与特侣塘水合渠东洋田，二闸以时启闭。"聚水成湖，引水灌田，民得其利。咸淳八年（1272 年），知军陈大震"环湖建八亭"。宋朝间有贬谪到过雷州的寇准、李刚等人，给当地留下教化，便有人于湖侧建十贤祠以纪。明清以来也屡有营修，复西湖一时之胜，而使"湖宜民又适于观，其为堤渠可一日废，后之人修而勿坠可也"，堤桥亭阁虽可日久而废，但蕴于山水的惠仁之功，却因之长存，尤值后人追附效法。

图 1.2.6　雷州古城图（西湖位于城西）

3. 潮州西湖（山）

潮州西湖在潮州府城之西，古为韩江支流，唐代修北门堤，遂浚之为湖。为唐乾元年间全国诏设的 81 处放生池之一。宋庆元五年（1199 年），知军州事林嶽重辟西湖，浚古放生池，"剔朽壤、蕑繁秽，引清流，储而广之，南北相距倍于昔。""诛茅穿藓、插柳植竹，间以杂花、盘纡诘曲，与湖周遭，横架危梁，翼以红阑，境盦平开，虹影宛舒，数步之内，祠宫梵宇、云蔓鳞差，萦绕女牆，粉碧相映"，而湖始著。林嶽更题诗："新堤喜绕几纤萦，挈榼携壶出满城，萍破烟纹容棹过，石开云罅着人行。"可见当时潮州百姓出城游览湖山之盛，终得"山与水相接，民与守相忘"（《西湖山志》）。

其后历任官员、乡绅、耆老相继皆有建树，辟湖理山，筑亭建阁，营寺构园，题咏留迹，使湖山得以持续称胜。

西湖山之历史，可概括为"始于唐，著于宋，盛于明，芜于清"，重辟于民国（图 1.2.7），整治于当世。

图 1.2.7 潮州西湖（《西湖山志》）

4. 端州星湖七星岩

星湖位于端州古城北郊，七星岩背依北岭山，坐落于明净如镜的星湖之上。"诸岩嶙峋葱郁，窣然蠹起错落凡七……十余里间若贯珠引绳，璇玑回转"（《星湖今志》）。古已为"当与兰亭、西湖、凤台、燕矶，比雄于中原"（吴桂芳《临壑亭纪》）的风光胜地（图 1.2.8）。

星湖前身沥湖，"北山诸涧之水，总汇至此而愈街，春夏潦涨，极目浩淼，多鱼利及莲藕，菱茨之属。""两水夹州，则西江势分，无泛

图 1.2.8　端州七星岩图（《岭南名胜记》）

滥之患，形势更宜"（李调元《粤东笔记》）。可知古时沥湖，既有鱼莲之利，更为水利灌田排涝。

明嘉靖万历年间，先后除道筑台，广辟洞阁，并纪以文，为标二十景，而七星岩之名乃大彰。明万历年间（1575 年），岭南副使李开芳，于"湖上甃石为堤，架桥通舟，凿山巘岩，布蹬道，置宫宇，植松榕"（《星湖今志》），令湖岩生色，还对山林风光进行管理保护，有"泽梁无禁，岩石勿伐"，"岩石岩树勿伐，如有违者罚钱一千文"等多处壁刻，以告诫人们爱惜岩石树木，建设与保护并施，可谓极具眼光的善举。

星湖景物其后也屡有营修，近代为战乱所扰，湖山破落，至新中国成立后，经人民政府大力整治，方有今日盛境。

（二）岭南州府园林特点分析

岭南州府园林历世不断发展，与社会的政治、经济、文化、物质生产、民风民俗密切相关，是当时社会现实的体现，更依凭岭南独具的自然山水风光，自成特色。

1. 具物质生产、交通生活之利

岭南州府园林皆因物质生产的需要开发发展而成。筑堤修路，蓄水成湖，灌田养鱼，排涝抗洪而逐步成胜。

州府园林全在民间自然形成，为民提供物质生产、水利交通之便。园林兴废亦与物质生产的需要紧密联系：惠湖"湖之利、溉鱼数万顷，苇藕蒲鱼之利，岁数万官不加禁"；及至堤坏水泄，湖利不保，便有了历代不断营修。雷州西湖"筑堤储水"、"引水灌田"、"民得其利"、"湖以庇城，且资灌溉"，也因湖淤塞渐浅而重筑新堤，维护湖区。还有潮州西湖的鱼莲之利，星湖七星岩的泄洪排涝、水利灌田，都令园林得以不断维护发展。

岭南州府园林的形成发展与民间物质生产、交通生活有着密切关系。岭南州府园林与时代现实、民俗民情紧密相连，令园林经营维修，深得民心。湖山风光，既成州府之胜，又为民众之乐，官民俱赖其利。

因此，物质生产、交通生活之利是岭南州府园林形成发展、不断维护营修的内在动力，是岭南园林根植民间、贴近现实生活文化的反映。

2. 贬谪文化的影响

岭南古为"蛮荒"之地，为历代朝廷贬谪政客、流放中原因犯、强迁北方百姓之地，而贬官迁客于此遗贤留迹，便成为岭南州府园林的一大特色。

贬官迁客中多有贤人德士，其郁郁政争失意，愤愤昏朝控诉，拳拳报国之心，切切惜民之意，荡荡浩然之气，潇潇逸世之风，无不化为园林之内美，长存此间，而成就岭南州府园林特有的气质。

苏东坡谪惠期间，游历于罗浮、西湖之间，修堤筑桥，民得其利，于其自身，也带着"我适物与向，悠悠来必尔，乐我所自然"的舒然，寄情于山水，征幽导秘，作为郁郁不得志之仕途的解脱和慰藉。而东坡爱妾之墓及六如亭那"天涯沦落孤亭在，本是浮生作是观；照尽凄清两湖月，水光犹为美人寒"的寥落，"不增，不减，不生，不灭，不垢，不净；如梦，如幻，如泡，如影，如露，如电"的淡世，更是留

19

落成山水之内美，表达着对现实无奈的控诉。

还有惠湖上出现的"谪官湖"、"野吏亭"、"觞咏亭"、"超然亭"、"望野亭"、"逍遥亭"等，也与受屈到此落户的"野吏"相干。此外，海阳湖的"勿幕亭"、"吏隐亭"，李德裕在海南以期能望见京城宫阙而建的"望阙亭"，亦是此类心怀。

岭南各地多为这些贬官立祠纪念，又多在他们惠政经营过的山林风光之地，如潮州韩山韩祠、惠州西湖苏祠、雷州十贤堂、海南五公祠，等等，专为贬者立祠，可说别具深意。甚至民得其惠，其过民念其贤，山水得其经营，州治得其整治，一方百姓尽享其利。

更重要的是，他们在州府园林中的贤迹、善举，并及他们的逸世风骨，引来后世仕众贤人的追记、效仿，使园林得以不断发展。

3. 园林风格谆静古朴，素雅秀美

岭南州府园林傍于州府之侧，山林营构往往结合水利物质生产需要，供水排涝，灌田养鱼；浚渠筑堤，舟舆可通，民赖其利，这样就使得园林从秀美中透出自然、质朴的风韵。

潮州西湖山胜景，是古时潮州八景之一——"西湖渔筏"之所在，湖山相映，渔筏片片，天光网影，茅风莲馨，是如何一片融和、雅朴的景象。

苏东坡赞誉惠州"山川秀邃"，清代吴骞在《西湖纪胜》中言："西湖西子比相当，浓抹杭州惠淡妆，惠是苧萝村里质，杭教歌舞媚君王。"杭州为京都，西湖便自然韶华瑰丽；惠州西湖出自民间，却以"淡妆"取胜，此中道出了充满民间气息的岭南园林性格。

岭南因开发晚而落后于中原，唐、宋都非富庶之地，这里虽有秀水青山，风花夜月，但却不是金楼玉阁、繁花簇锦的京州之地，与圣地、官苑的含义相反，一度为经济落后、用于贬官迁民的蛮村。于此营构山水园林，自然素构取法，简朴自然，亦因之而成其独特风韵。营构之费，或为州府出资，或为民间助捐，或为贬官仕人自资，所用

不多，却用得精心适宜，筑堤，架桥，开路，构亭，皆恰得其位，适得其用，而少有铺张。

各地州府园林中建筑虽不少，但多精心营构，简而得宜，不多占山林幅地，融于山水之美，保持湖山自然韵味。

4. 与民同乐，具"公园"性质

岭南州府园林皆有物质生产之利，如此民已得其利。而州府园林的历代经营，更以"与民共乐"为本心，实不遗余力。

韩愈游历阳山城北山水时，已有"所乐非吾独，人人共此情"，欲与民共享之。

林嶷辟西湖，则"山与水相接，民与守相忘"。而辟湖之举，"一以祈君寿，二以同民乐，三以振地灵起文物，一举而欲美具。"（许骞《重辟西湖记》）更自题诗："欲借禽鱼祝君寿，君恩宽大此诚徽。"以己功作祝君，为宗法伦理的表现，无可厚非。而尚能与民同乐，共享湖山之胜，则是相当可贵。

于惠湖山水，薛侃有言："湖之胜，众人得之，娱其意；幽人得之，知其德；达人得之，惠其政。"湖光山色不只可同乐，更因人而异，得教化素养之功，表示出风景含义，最为精博。

"以湖山之美，取不尽，用不竭；其同乐可以代独占，各适也可以代争取，优游自得可以代若自缠缚。"（《惠州西湖志·张友仁语》）如此襟怀，可谓已成岭南州府园林内涵之精髓。

岭南州府园林领湖山之胜，汇官民之泽，历代经营，在岭南园林发展史中占有重要地位，是地方政治、经济、文化状况的综合反映，是时代的现实写照。同时，由于其形成的独特性，即于今日，也是甚有教益启示，可帮助理解今日园林景观与都市生态环境、生产生活环境的关系，城市水利系统排涝防洪与城市景观环境创造的结合，公共园林经营与物质生产结合等问题。这些问题对于今日城市的发展研究都是甚有意义的。

表 1.2.1 为岭南州府园林与北京大型皇家园林的比较。

表 1.2.1　岭南州府园林与北京大型皇家园林的比较

	岭南州府园林	北京大型皇家园林
典型实例	惠州西湖	颐和园
环　境	岭南荒陲僻疆，傍州府所在，聚贬官谪客	京都繁华之地
方　式	入俗，入世，入情	凌驾于世，对山水之占有
产生方式	利用自然环境，筑堤蓄水，物质生产需要	挖湖堆山
功能性质	物质生产，水利排涝之用，州人、庶民流连之地	游乐之地，皇家贵族享乐之地
发展方式	历世不断经营，几经兴废，由州府及民间出资	不断扩大规模，民脂民膏维之
布　局	自然、朴素，建筑分量少，堤桥亭榭，点缀实用	轴线控制，布局分区明确，有明确的营建规划，建筑分量较大
艺术风格	纯朴、素雅、秀美	富华、瑰丽、气派

三 惠州西湖的形成及其园林特色

"九州之内三西湖，真山真水真画图"——这是古时西湖歌里的一句诗咏，写得通白贴切。歌中的"九州"是指我国古时所划的九个行政区：冀、兖、青、徐、扬、荆、豫、梁、雍（见《书·禹贡》），惠州那时属扬州管辖。其"三西湖"指的是：杭州西湖、颍州西湖和惠州西湖。此后，我国许多风景区的位西之湖均喜以同名相赐，人们早把西湖之胜比作自然风景之巅，无不向往。相形之下，早有盛名的古西湖，更显得可贵，更令人神往。

杭州西湖之胜，名扬古今中外，可谓家喻户晓。颍州西湖是个平地湖区，一泓清水得景，自然比杭、惠逊色，嗣后又没有进一步发掘，今世已为多数人所不知了。惠州西湖位于岭南，群峰叠翠，水光接天，自然景色异常幽美，有"大中国西湖三十六，惟惠州足并杭州"之说。考据表明，旧时惠州西湖不但规模比杭州西湖大，而且"谿谷幽深，殆胜于杭湖片水"（见张友仁《惠州西湖志》）。清代《广东通志》云："杭湖不过三十里，颍上无山空勺水。""惠州城西数百峰，峰峰水上生芙蓉。"可见，古时惠州西湖享有很高的声誉。难怪历经杭、颍二湖之后，来到惠州西湖的宋代文豪苏东坡立下"不辞长作岭南人"的宏愿。

惠州西湖在惠州城西，位于广东省东南部，距广州市 165 公里。四面环山，东江和西支江在此汇合穿山而过，南去 50 公里即濒浩瀚之南海。这里风景优美，地势险要，交通便利，物产丰富，是我国南部东江流域的核心，历来为兵家必争之地。

记载表明，此地原系我国南藩部落，与中原相比，开化较迟。直至春秋末年，越被楚所灭，越国王孙贵族由北向南逃窜，到江南、岭南占地为王，在惠州、广州、桂林一带建立南越国，把中原文明带到了岭南。秦始皇统一中国后，为巩固中央集权，北筑长城、南平百越，并将中原囚犯和几十万平民强行充军迁居南方，以此来巩固对南方的统治。这时，惠州划归南海郡（见图1.3.1），并派任嚣为郡尉。任死后，原龙川县令赵陀（？—公元前137年，真定人，今河北真定县）借故废秦官，自称"蛮夷大酋长"，为南越武帝，在广州大兴土木，建宫筑苑。汉朝刘邦为重新统一南越，派中大夫陆贾出使南越，以安抚政策使赵陀归顺。自此，惠州西湖开始有了记载，如东汉末僧文简在

图 1.3.1　秦王朝时期（公元前 221 年）南海郡图

24

西湖设有伏虎台（见《开元寺记》）。

三国至南北朝的300多年间，中原地区分裂割据，战祸连绵，而岭南地区却保持了相当的稳定局面，中原望族纷纷南趋。这时南方不但引进了航运冶炼和农业生产的先进技术，同时传来了宗教及其寺庙建筑。如东晋时期关内侯葛洪（约公元281—341年，号抱朴子，丹阳句容人，今江苏省），这个道教理论家、医学家、炼丹术家，带领子侄到离惠州西湖10公里的罗浮山来，对此地影响较深。隋开皇十年（公元590年），僧智光（江州人，为居论大师弟子）大师奉舍利来循州（即今惠州），将惠州西湖东晋时建的龙兴寺改为舍利道场，《继高僧传》中就此有如下记述："智光大师奉舍利来，经许部忽放光明丈余，比至番州铜钟夜鸣，达食时乃止，至寺，下舍利，有甘露在舍利塔旁树上，凝酥耀日。"可见，当时惠州西湖的宗教活动和寺庙建筑已不是一般的发展了。唐代，西湖里的舍利道场被改为开元寺，成为当地最大的寺庙，宗教活动有了进一步发展。然而，西湖此时仍未开发，只是横槎、新村、水帘、天漈诸泉水入江冲刷出来的水洼地。据《岭南录异》云，当地此时"多野象，人或捕得，争食其鼻，云肥绝"，是野兽出没的天然野湖山区，相当荒野，成为唐代帝国效法秦始皇流放囚犯、谪戍政敌的地方。例如唐武后久视元年（公元700年），同平章事（宰相职务）张锡（武城人，今陕西华县东）因请还庐陵王（中宗李显被武则天废为庐陵王），触怒了武则天，被流放至惠州。唐代宗大历十一年（公元776年），兵部尚书牛僧儒（贞元进士，安定人，今甘肃灵台）因派系争斗被贬为循州长吏。著名诗人李尚德（开成进士，怀州河内人，今河南沁阳）亦受宫派排挤，被贬至惠州潦倒终生。这些人来到惠州，对惠州文化和建设起到了一定的影响作用。

唐末，刘陟（又名刘岩，后自改名刘龚）乘中原混乱之机，于公元917年自称大越皇帝，国号南汉。他"广聚南海珠玑，西通黔蜀，岭北行商，或至其国"（见《旧五代史·刘陟传》），经济相当活跃，在南越王朝原址（广州）的基础上，大肆兴建南汉宫、甘泉苑、御花园——仙湖，其幅员之辽阔几乎占去半个广州。现在广州南方戏院花园（近代称九曜园）就是当时仙湖药洲遗迹；广东省科学馆内的"九眼古井"，就是当年甘泉苑汲用的龙泉井。其宫苑奢华程度在《五国故事》中有这样的描述："作昭阳殿，秀华诸宫，皆极瑰丽。昭阳殿以金为仰阳，银为地面，檐楹榱桷，亦皆饰以银。殿下设水渠，浸以珍珠，又琢以水晶琥珀为日月，列于东西二楼之上。"《十国春秋》中记述刘𬬮建万政殿更甚，一根殿柱就用银三千两，还以银为殿衣，间以云母，瑰丽奇绝。这为岭南园林和建筑的进一步发展打下了基础。

唐僖宗乾符四年，惠州出了第一进士，名为张昭远，任唐晋修撰史官，五代时为起居舍人（是为皇帝撰拟诰敕之专官），后归原籍，住舍人巷（今惠州市都市巷），在舍前建了一个"郎官湖"（见《惠州西湖志》），据《与地纪胜》称："郎官湖即西湖，昭远所创造也。"这是西湖见诸文字之始。从后来的史实看，那时的郎官湖属西湖近古城的部位，是筑城时所凿的池，后称百官池、谪官湖，又称鹅湖。

宋乾德三年（公元965年），宋太祖赵匡胤派大将潘美伐南汉，次年刘𬬮降，为避讳太子赵祯（宋仁宗），把祯州改名惠州，惠州之号由此而起。

由于岭南经济持续发展，位于东江流域核心的惠州日益重要，成为该地区的政治、经济、文化中心，人口发展也相当快，外地来的城内客籍居民几乎与原籍居民相当（据《宋史·地理志》记载：元丰年间，循州人口原籍居民25 634人，客籍居民21 558人）。在宋政当局在此大力发展农业生产和文化技术的推动下，惠州西湖获得了初步形成和发展。

此时，知府陈偁和谪官苏东坡对惠州西湖的建设，立下了不可磨灭的功绩。

陈偁（字君举，沙县人），为了发展惠州农副业经济，于宋治平三年（公元 1066 年）任惠州太守职时，带领百姓"筑堤截水，植竹为迳，二百丈，石为水门"（见《惠州西湖志》卷三），开发西湖风景资源，在湖水入江处筑了一道蓄泄可控的"平湖堤"、"拱北桥"，从此改变了西湖山泉白白付诸东流的状态，呈现一片浩淼清冽的湖面。明代陈运诗云："萧萧竹逸接平桥，万石曾歌五夸谣；自是天南灵气盛，衣冠今满紫宸朝。"拱北桥实际是个水闸，雨季湖水涨，泄水入江时，滚雪流珠，气势磅礴，成为湖上一景，人们又把此桥称为陈公桥，以表对陈偁的怀念。此外，他又在黄塘建陈公堤，并继续在湖上筑桥。"立立开六桥"（见《叶春及记》），"起亭馆"（见《尹元进记》），"筑荷花蒲、归云洞"（见《惠州史稿》），并"教民用牛车，车水入东湖溉田"（见《惠州西湖志》），把湖区经营成"湖之利，溉田数百亩。苇藕蒲鱼之利，岁数万。官不加禁。民之取其利者众。其施丰矣。是以谓之丰湖"（见《鹅城丰湖诗集》序）。这样搞一番西湖建设，既益农业，又发掘湖区资源，还实行"免民钱，利归民"，把自然水洼地变成"施丰"的"丰湖"，使西湖景致变得"长谿带蟠，湖光相照"（见《开元寺记》），"泉源淳溜，波澜荡漾，鱼虾产育，菱茨布叶，烟云合散，鸟鹭沉浮，桥梁亭榭，杳霭飞动，雨降水溢，循渠奔飞，清激悦目，傍可列坐。上拟布石，用匮而止。鹅城万雉，半入鉴光，渔歌樵唱，朝夕相闻，杭颍之匹，诚可无愧。"（见明杨起元《修平湖堤记》）得到了民众的衷心拥护。他死后百姓为他建了"陈使君堂"，堂内塑了陈偁父子雕像，"百姓生祠之"（见《惠州西湖志》）。

苏东坡（即苏轼，字子瞻，眉山人）是我国北宋时期杰出的文学家。他中进士后，在欧阳修的推荐下，连任四朝官职，仁宗、神宗均十分赏识他，称他为"奇才"（见《宋史》）。后来王安石创新法，"轼论其不便，请外，以诗托讽"，结果"逮赴狱"（见《惠州西湖志》卷八），神宗把他安置在黄州，"筑室东坡"。苏东坡先后任职于杭州、颍州、定州，在社会底层看到了"饥谋食，渴谋饮"（见苏轼《和蔡淮郎中见游西湖三首》）的疾苦，喊出"君不见：钱塘游宦客，朝推囚，暮决狱，不因人唤何时休？"的怨语，认为"明朝人事谁能料？看到苍龙西没时"（见苏轼《夜泛西湖五绝》），不如"读我壁间诗，清凉洗烦煎"（见苏轼《怀西湖寄晁美叔同年》）。到了绍圣元年（公元 1094 年），章惇、蔡京以"绍述新法"为名，苏被告为前掌内制日，语涉"讥讪先朝"，"遂以英州，未至，再贬宁远军节度副使，惠州安置"（见《惠州西湖志》），又受一次打击。他在途中说"今将过岭表，颇以是为恨"（见《东坡寓惠集》），自叹"玉堂金马久流落，寸田尺宅今归耕"（见苏轼《游罗浮山示儿子过》）。是年十月二日到惠州，受到了当地百姓的热情欢迎。这个没有意料到的场面，使他感慨万分，当即挥毫兴叹："仿佛曾游岂梦中，欣然鸡犬识新丰，吏民惊怪坐何事，父老相携迎此翁。苏武岂知还漠北，管宁自欲老辽东，岭南万户皆春色，会有幽人客寓公。"（见《东坡惠寓集》）发现这里并不是"魑魅为邻"的"瘴疠之地"（见《惠州谢表》），而是"风物殊不恶，万户皆春色"（见苏轼《与陈季常书》），加上山清水秀、湖光照天的西湖美景，使他不由喊出"海山葱胧气佳哉"（见苏轼《寓居合江楼》）的赞叹。

视野开阔了，心胸旷达了，精神面貌就完全不一样，他那力必出己、志欲及物的品德得到了充分舒展。他结识道士，来往文友，出入邻舍，与民间渔父、樵夫交朋友，共饮"鹅城清风"，共赏"鹅岭明月"，吃起山芋（广东叫番薯）来，觉得比京都的龙涎斋鲙还香，食自己种的菜，尝得反吟"不知何苦食鸡豚"（见《东坡寓惠集·撷菜》），把自己的命运与民众连成一气了。他教农民制造捣谷舂米的双轮五杆水碓、造插秧用的秧马，来减轻笨重的劳动；为民请令纳税钱、粮各便，解决父老揾钱之难；促成驻军兵房三百间，避免兵家扰民作恶。更可敬的是这位清寒谪官携儿带眷贬惠，还解下身上的犀带，资助道士邓守安筑东新桥，献出以前大内赏赐的黄金，相助和尚希固筑西新堤、西新桥，而且施工时，还日与民工为伍，亲临现场。不论是东新桥（浮桥）的"四十舟为二十舫，铁锁石碇，随水涨落"的构设，还是西新桥选"石盐木为桩"，在桥上建"飞楼九阁"的施工，均了如指掌（见苏轼《两桥诗》），使工程效能真正落到实处。竣工后，在西村（近西新桥，今为市委招待所）聚众庆功，欢宴不息，诗云："父老喜云集，箪壶无空携；三日饮不散，杀尽西村鸡。"（见苏轼《两桥诗》）可见，苏的作为深得民意，广为众颂。这里，我们已可看到，苏东坡不愧为乐于济世、酷爱民生的文豪学者，从另一侧面亦可以透见他同时又是一名内行的造园家。他在惠谪居三年，足迹遍及西湖，常常流连忘返，暮游晓归。其爱西湖之深，远超常人之度。苏东坡早在杭州就醉心于西湖经营。"修堤濬湖"，"造堰埔，为蓄泄"，"植芙蓉杨柳，如画图"（据《宋史》所云）。他认为："西湖天下景，游者无愚贤；深浅随所得，谁能识其全?"（见《怀西湖寄晁美叔同年》）规划不容苟且，经营最宜精细，景要得体，相地应合宜，不好画蛇添足，牵强附会，"欲把西湖比西子，淡妆浓抹总相宜"（见《饮湖上初晴后雨二首》）。嗣后，他调职颍州，开辟颍州西湖，积累了平地造园的经验。贬居惠州后，越兴岭外湖山之游，常常"与子野游逍遥堂，日欲没，因并西山，叩罗浮道院已二鼓矣，遂宿于西堂"（见《东坡寓惠集》），或"予当夜起登合江楼，或与客游丰湖，入栖禅寺叩罗浮道院，登逍遥堂，逮晓乃归"（见《江月五首》序），沉醉在如此江月的"天壤间"。每当明月升起，凉风拂湖逐波而过，湖光灿烂，伫立在西山的泗州塔，倒影插波晃晃游，诱得诗翁颂出"一更山吐月，玉塔卧微澜"（见《江月五首》）这一后世乐传的佳句，构成西湖游客赞不绝口的"玉塔微澜"一景，开创了对惠州西湖的品题，使这座唐代僧加佛塔景出天外，上下辉映，赐予西湖圣洁如练的完美形象。难怪后人爱说："东坡处处有西湖。"

在造园的具体问题上，苏东坡在惠州西湖处理朝云墓、鹤峰居上，给后人留下了深刻的印象。

绍圣三年七月五日，苏侍妾王朝云病逝，悲切！他将其葬于栖禅寺松林中，面临西子湖，遥对大圣塔，成为孤山名迹，后世游西湖者莫不瞻临。记载表明，苏东坡在此墓的相地和处置上是很慎重的，既托栖禅、圣塔之灵，以表对死者之念，又不与佛寺、宝塔争高低，以护湖景之严整。同时以"六如"主题来表达死者和苏本身尊佛无邪的尚德，可谓雅而洁，与东坡当时的处境也很贴切。在气韵上，以佛经为题的六如亭，把前塔后寺的格局连成一气，觉得更完美、更风雅，两山（西山与孤山）也融成一体了，这给山湖造园留下了不朽的范例。

苏东坡在《迁居》中说："吾绍圣元年十月二日至惠州，寓合江楼。是月十八日迁于嘉理寺。二年二十复归嘉祐寺，时方卜筑白鹤峰之上，新居成，庶几其少安乎！"几番迁徙后才定居白鹤峰。"规作终老计"（见《迁居》）。他这几番周折，除其他因由不可考外，恰恰反映了其对建筑环境和筑园构设之深见。他觉得合江楼虽好，能"得江楼廓彻之观"（见《题嘉祐寺壁》），但太近闹区，"歌呼杂闾巷，鼓角闻枕席"（见《和陶移居》），吵得很。嘉祐寺有"松风亭"，园内颇有"幽深窈窕之趣"（见《题嘉祐寺壁》），所以，二迁合江楼之后，还是搬回嘉祐寺来。他在此"杖履所及，鸡犬皆相识"（见《题嘉祐寺壁》），与大家相处得很好，颇赏识"水东之乐"。后来听父老说归善县有块空地，果然，"鹤岭一峰，独立千岩之上，海山浮动而出没，仙驭飞腾而往来"，古时就是一块"福地"。东坡在此"斫木陶瓦，作屋二十间"（见《答毛泽民书》），虽说"卜筑非真宅"（见《次韵二守许过新居》），聊寄"住处"，但其用意昭明，布设精心，南堂北户，均有其题。在小小"几亩"地上规划得"数亩蓬蒿古县荫，晓窗明快夜堂深"（见《又次二守许过新居》），从里往外看，"江上西山半隐堤，此邦台馆一时西，南堂独有西南向，卧看千帆落浅溪"（见《南堂四首》），湖江山色皆入室。院内有"德有邻"堂、"思无邪"斋。斋前手植柏，竹荫借东家，石榴有正色，粲粲秋菊花，庭简意深。他在堂上梁文中明示"愿同父老永结无穷之欢"。一如既往，以德待邻，西边的翟秀才是常客，就连鹤峰树下卖酒的林行婆都乐于赊酒给他喝（见《夜过西邻翟秀才》）。他在院里凿了一口井，供四邻共汲用，邻家的园地愿借予种菜（见《子由所居六泳》），真是"邻火村春自往还"（见《夜过西邻翟秀才》）。斋曰"思无邪"，表明东坡晚年对佛教的虔诚和自信品德之洁净，书檄文于斋室，挂落月于墙头，其庭中意境正如《上梁文》中的诗咏：

"儿郎伟，抛梁东，乔木参天梵释宫，道尽先生春睡美，道人轻打五更钟。儿郎伟，抛梁西，溺蜗红桥驾碧溪，时有使君来问道，夜深灯火乱长堤。儿郎伟，抛梁南，南江有木荫寒潭，共笑先生垂白发，舍甘新种两株柑。儿郎伟，抛梁北，北江江水摇山缘，先生亲筑钓鱼台，终朝弄水何曾足。儿郎伟，抛梁上，壁月珠星临惠帐，明年更起望仙台，缥缈空山隘云仗。儿郎伟，抛梁下，凿井疏畦散邻社，千年枸杞夜长号，万丈丹梯谁羽化。"

把耐人寻味的诗的意境结合在造园之中，使境界更开阔，意味更深邃。在小小的鹤峰幽室里，意象得梵宫催睡，碧溪飞桥，堤光潭寒，江月与话，有若仙岛一般境界。哪怕过着缸空米尽、撷菜充饥的生活，也乐于凿井疏畦散邻社，其德厚潇洒的精神境界，融化在草屋花庭、山川岭湖之中，"万丈丹梯谁羽化"？造化东坡仙鹤翁。可恨的是，东坡谪惠三年的业绩，朝廷视而不见，反以"子瞻尚尔快活耶"之由将其再贬琼州，必欲置于死地而后快，但当地百姓的怀念和不朽的史实却辉映千秋。他的故居，他凿的井，挖的放生池，筑的钓鱼台、朝云墓、六如亭和他资助营建的新东浮桥、西新堤、西新桥、飞阁，以及他游湖行踪留下的丰湖芳华洲、鳄湖、逍遥堂、西山、大圣塔、栖禅寺、元妙观、罗浮道院、永福寺、嘉祐寺、合江楼、西村、孤山等，均成为惠州西湖的重要名迹，他留下的 192 首诗词和几十篇散文、序跋、题刻，以及广为流传的东坡故事等，对惠州西湖有着深远的影响。此后，惠州西湖与杭、颍齐名，扬显中外，并在不断的发展中形成岭南风景的独特风格。

至南宋末，惠州西湖的景点，除上述者外，记载上还出现有石埭山、水帘洞、归云洞、点翠洲、披云岛、漱玉滩、荔枝圃、明月湾、龙堂、李氏潜珍阁、孤亭、鳌峰亭、唐子西故居、濯缨桥、苏堤、平远台、湖平阁等，西湖已具备了一定的规模。

在元统治下，惠州社会战祸连年，民不聊生，极为动乱，西湖受到破坏。此时留下的记载极少。

经过近百年的战祸后，是公元1368—1911年约500年的明、清时期。这两个朝代的初期，均非常重视惠州的农业经济，繁荣社会、发展文化，使西湖风景区进入了全面形成和发展的极盛阶段。

这时，随着惠州地位的进一步提高（明万历年间是两广总督衙门所在地），城市建设和人口都有显著的扩展，国内不少名家纷纷聚惠，大办书院，推广科举制度，当地人才像雨后春笋般地涌现。如明代哲学家、教育学家王守仁（即王阳明，字伯安，余姚人）来惠后，其学说由薛侃等人在惠州广为传布（见《明史》）。清代与唐寅（唐伯虎）齐名的祝允明（又名祝枝山，字希哲，长洲人），九岁能诗，博览群籍，文有奇气，名动海内。当过宣统皇帝溥仪教师的梁鼎芬（字星海，号节庵，番禺人），在惠主持书院，其余如书法家宋湘，画家赵念、翟泉、戴熙、黄培芳、黄灿芳，精石刻兼工书画的黄钥，博学多才的陈沣等378位名人（见《惠州西湖志》卷八）。这样，在客观上为西湖建设准备了充分的经济和技术力量，最后成为与江南园林、北方园林同时盛开的岭南园林之花。

关于西湖的记载，这时相当丰富，其中留今可考的不少。如明嘉靖《归善县境之图》（见图1.3.2）、明叶萼《全湖大势记》、明薛侃《西湖记》、龚祖荫《西湖图记》、清吴骞《西湖纪胜》、清翟泉《西湖八景图》、清黄培芳《丰湖秋汛图》以及清黄灿芳《西湖图》等，同时清康熙时《惠州府志》、乾隆时《归善县志》、光绪时《惠州府志》、阮元《广东通志》以及福建、潮州等府（县）志等均有相当的记载，民国二十三年，张友仁编成《惠州西湖志》，记述颇详。这些记载，让我们可以比较清晰地了解惠州西湖的实质。

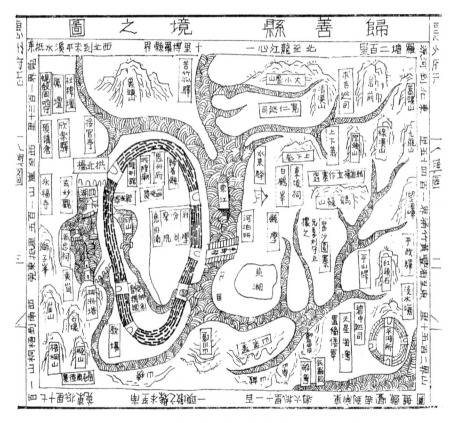

图 1.3.2　明嘉靖归善县境之图（复自《惠州府志》）

此后，民族英雄刘永福、革命先驱廖仲恺以及在大革命时率领东征的周恩来等均为惠州立下不朽功勋，其名迹为西湖风景增添了绚丽的色彩。

上述史略表明，惠州西湖的形成，历经了一段相当长的史程，直到明、清，方得全貌。

自唐开元寺记"重山复岭，隐映岩谷，长豀带蟠，湖光相照"之湖胜始，至清代《西湖全图》（图1.3.3），其间构成虽各有其说，但总的气势是一贯的。

西湖的范围，古时牵涉较广，北至三台石（今糖厂），南达榜山、石埭山，西指丰山、黄岗山、天螺山一带，东至桉山一片城邑，真可谓峦岭逶迤，汪洋千顷。如果按照"凡山水汇入湖者，即为湖之区域，其山脊至江湖间堤，则为湖之界"的原则计之，西湖界域"东西约十公里，南北约八公里，（整个西湖）面积约八十平方公里"（见《惠州西湖志》），幅员相当可观。

西湖四周岗岭回环，岩谷复蟠，史有"豀山奇胜"（宋陈佐尧语）之称，其主要山岭有白云缭绕的白云嶂、翠若挂榜的榜山、三面环水如鹅张翼的飞鹅岭、镇丽湖边的丰山、如凤冲天似裙铺地的螺山、形若戏狮的狮山、一郡之绝的银岗岭、引人注目的方山，还有那增添湖光秋色的象岭、古木参天的桉山等。这些秀山峻岭回抱湖波，妙若西湖画卷，幕幕呈现，正是"登临万景谁画为屏"（见《野吏亭诗碑》）。明代，五先生之一的叶萼（字辅夫，号浮谷，归善人）就此景象有段记载，云："西湖诸山之脉，皆宗白云嶂。白云嶂去郭一百三十里，高千丈，广二百里有奇。后拥银瓶，前逦长沙，重冈复岭，峭削侵汉，累累而翔舞者，逾十断，而峙萃于麻庄。峡，度周径而复耸巨峦。峦之北出为黄峒山，为下庄径，为马峒，为窑輋，为观田，为大张塘，为大路头，为登云，为玄妙观。山咸左，曰郡之左臂。峦之东出为石埭，为大岭，为望天螺，为佛子凹，为飞鹅岭。山咸右，曰郡之右臂。峦之正出为红花嶂，为宋坑径，为榜山，为吴家嶂，为林家峰，为雷家碗，为丰山，为芳华洲，遂没草坪。穿湖隆起为金龟嘴入城。山咸东北，曰郡之中龙。左山之条，叠贯臂外，由玄妙观为欣乐驿，为厉

图 1.3.3　惠州西湖全景

坛，为车园，穿湖为皇华亭，逆拱北而上，以捍横槎之流，谓之左护。右山之条，叠连背外，由石埭为大石壁，为石家岭，为小石壁，为汤园山，为飞鹅后峰，为牛坟，为南隐，与沙子步对峙，以捍聚贤堂银冈小派之流，谓之外右护。故道循山川坛穿刘园、谢宅中出，民侵故道而湖之，于是趋南隐出焉，又由飞鹅后峰分支，伏草坪穿湖入城，为养济院，为军器局，为银冈峰，为子西岭，为沙子步，临江而峙，以捍水帘、新村、天螺之流，谓之内右护。中龙之干，由金龟嘴入城，为岭东分司，为郡治，为象岭，象岭介银冈郡治而蟠，以捍新村螺坑之流，是谓中之尽脉。夫臂左则湖右，臂右则湖左，龙中则介湖之心，是以湖当玄妙观、飞鹅岭、丰山、明月湾之间。故堤拱北、堤南隐、堤钟楼，然后三溪之水勿泄，咸蓄聚而湖成”（见《全湖大势记》）。此番综析，不但分明了山岭的脉络，同时理出了西湖的源由。横槎、新村、水帘三水顺着宗脉筹络，由西而东汇入江中，形成了曲折深邃、缭绕回萦的西湖水系。

西湖水“湖光接天，一碧千顷”，其景致之美，成为历代墨客取之不尽、用之不竭之泉，你看那：绕石环泻的濯缨涧，流出“人濯其缨我濯足”的潇洒水；喷沫流涡碎玉攒的漱玉滩，“常得涛声入耳寒”；还有那“坡井慧泉，汲凿皆仙”的苏井；“色如碧玉，冬春无异”的清醒泉、桃花源、横槎溪、碧水关等，无不溅出甘露般的清润，乐得游人俯饮当触。自宋以后，由于咸蓄秀水，陆续兴堤筑桥，相继出现了平湖、丰湖、鳄湖、菱湖和鹅湖，成为构成西湖水面的“五湖”。这些湖面清澈见底，波光如练，广袤十里，汪洋一片。不但溉田育鱼，湖景生色，尚有“鳄湖平，出公卿”之赞，其会水聚气之意，十分耐人寻踏。西湖各湖的名称和境界，历代说法不尽一致，加上城区的扩展和一些地理状况的变迁，而相应有异。譬如五代时的郎官湖，宋时在城外，明、清时演成城内湖，并相继更称：“谪官湖”、“百官池”、“鹅湖”（见图1.3.4）。到了新中国成立时，这个鹅湖只剩下一条水沟

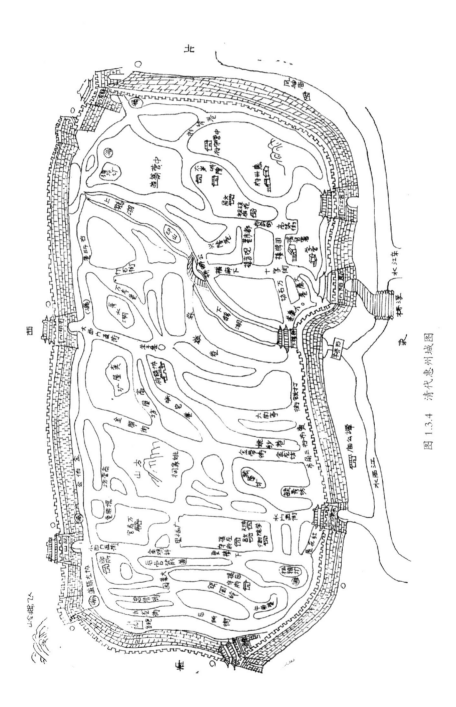

图 1.3.4 清代惠州城图

了，后因被填为国庆路及人民广场前域而绝迹了。因此，现在我们看到的西湖，已不是全同过去的"五湖"，而是由平湖、丰湖、鳄湖、菱湖和后来赐名的南湖组成的。从考据看，平湖之词最早出自宋陈偁所筑的"平湖堤"，但在宋时一般不称平湖，也不叫西湖，而爱称之为丰湖。鳄湖之称据明薛侃云："有鳄湖，先有鳄患也。"苏东坡就说过湖里有鳄鱼，"似闻百岁前，海近湖有犀"，逐渐有鳄湖之称。总之，平、丰、鳄三湖之称得之较早。而菱湖、南湖是后来赐名的。各湖的具体界域，因各堤逐步兴建而遂趋明确，平湖在苏堤、烟霞堤间，丰湖位于苏堤南，鳄湖在烟霞堤西，菱湖在烟霞堤北，南湖位于园通桥东。此外，宋时有"西子湖"临六如亭的记载，按上述界域论，属平湖内。宋后，该湖少用此称了。

由于西湖系"五湖"之一，堤和桥在湖中不少，众人常有"五湖六桥"之说。清代尹元进《修平湖堤记略》中就有"宋太守陈公偁，开六桥雄胜，剔全湖清翠"之言。六桥系指西新桥、拱北桥、迎仙桥、烟霞桥、明圣桥和园通桥。其中迎仙、烟霞、明圣三桥早废，西新、拱北、园通三桥尚存，但历经兴废均非原貌了。原西新桥是苏东坡资助栖禅院僧希固所建，"筑进两岸，为飞楼九间"，十分壮观。拱北桥实际是西湖的主要水闸之一，开五拱，又称五眼桥。清代潘来对此桥有相当高的评价，诗曰："层层堤束水，只放一桥通；不睹排山涨，安知砥柱功。"园通桥在甘公堤，是六桥中风景尤胜之桥。明代陈运诗云："源有桃花涧有蒲，翛然一望即蓬壶，忘机亭上群鸥集，堪作人间水墨图。"（见《惠州府志》）古时园通桥前有集鸥渚，明代顾守言建有忘机亭。西湖的堤主要有平湖堤、苏堤、烟霞堤、南隐堤、陈公堤和甘公堤。其中以苏堤景色最优，每当皎洁月夜，"茫茫水月漾湖天，人在苏堤千顷边；多少管窥夸见月，可知月在此间园"，是西湖优美一景。

西湖的建筑，历代名迹不少，它包括寺观、祠堂、书院、宅园、亭榭、楼阁、墓冢等，但是由于惠州战祸频仍，多遭兵燹破败，幸存者无几，且多因修复多次而不得其原状，极为人痛惜。但从记载中和一些尚存遗迹上，仍可窥见惠州西湖这一岭南古典园林建筑之一斑。

永福寺、开元寺、元妙观和栖禅寺等系西湖的主要寺观建筑，其中以永福寺历史尤早。据佟铭《修寺记略》云："寺乃惠郡浮屠最古者，创自唐宋"，"嘉靖万历年间修葺，颇复旧观"，康熙三十年"修建正殿，作山门，前后三间，廊庑十间，墙垣石径，寮舍客堂，与夫佛像庄严"。宋时，苏东坡还在寺前买地筑"放生池"，并曰此寺"法堂宏壮，寝室完备"（见《东坡记》）。宣统年间借为学校，刘永福曾在此驻军，抗战时为军方指挥所，被炸毁。开元寺原系东晋时建的龙兴寺，东汉末改为舍利道场，"唐开元二十八年乃赐今号"。该寺位于"惠州治城之南，二里"，"重冈复岭，隐映岩谷，长谿带蟠，湖光相照，探幽赏异，一郡之绝"，是当地"最胜之寺者也"（见《开元寺记》）。栖禅寺在孤山六如亭侧，是宋时苏东坡常游之胜地，"寺与罗浮院、裙屐最风致"（清宋湘诗），清康熙《栖禅寺复业记》云："寺有栖禅已久。"但建寺日期尚无可考。该寺有"回煞"传闻，明代王阳明游此寺时，留有诗咏：

栖禅寺雨中与惟乾同登

绝顶深泥冒雨扳，天于佳景亦多悭。

自怜久客频移棹，颇羡高僧独闭关。

江草远连云梦泽，楚云长断九疑山。

年来出处浑无定，惭愧沙鸥尽日闲。

元妙观，据周歧后《修元妙观记略》称："丰湖西北有观，曰元妙，初建于唐天宝七年，旧号朝元。至后唐毁。复兴于宋咸平初，祥符九年，赐号天庆。元贞二年改号元妙。"后复毁。又于至治、元统年间修建，"正殿两廊，钟鼓二楼三房，库房，横雷重檐，涂饰壮丽，像座威仪。"这里的风景很好，"观距城不一里，远近之奇峰翠嶙，回拱互抱湖光山色，景态万千，可赏可观。”苏东坡留有“丰湖福地”门匾。观后有“紫清阁，白玉蟾结茅处，有元柏石笋号为二妙”（见《惠州西湖志》），此石笋极俏，俗呼“蓬莱石”。载熙《蓬莱石》诗云：“眉宇见精悍，筋骨露其秀；苍然太华色，挺此一峰瘦”，故有与“元柏”兼有“二妙”之赞。该观现尚有部分存迹。

　　由于历代贬惠谪官不少，当地名人又多，因而西湖的祠堂、书院建筑尤甚，其著名者计有：东坡祠、文惠堂、景贤祠、五先生祠、孤忠祠、表忠祠、文惠堂、陈使君堂、聚贤堂、默化堂、敬简堂、丰湖书院、西湖书院、惠阳书院、天泉书院、镰溪书院、张留书院、西湖诗社、横槎精舍、敦仁精舍、无碍山房、唐子西故居、舍人巷等，为其人歌功颂德、传学接说，对惠州文化和西湖园林影响深广。如建在西门外的“五先生祠”，据清代郑际泰《五先生祠记》云：“吾郡自有明二百七十余年间，乡先达后先蔚起，而生同里、仕同时，可以楷模后学、俎豆千秋者，则为归善五先生云。五先生者：学博浮谷叶公、部郎绱斋叶公、太保龙塘叶公、苑卿文轩李公、侍郎复所杨公也。五先生行事，载诸志乘，太保之功勋、文彭之理学、部郎之文章介节，人皆知之……”标立了明代人才辈出之样板。又如东坡祠，它在“东坡故居”原址修建，表明了当地人民对苏东坡的敬仰怀念之心，来到这里“如读公之文章，如见公之经济”（见蔡梦麟《重修祠记略》）。在祠中不但把重新建的“南堂北户，取苏公语为名”，还“增来向亭，墨池、丹竈、睡熙美轩‘双江佳处’、‘江山千里’”。清康熙年间，又重修“德有邻堂”、“思无邪斋”、“娱江亭”等，成为“高山仰止，景行行止”之德行讴歌的惠湖胜景。广办学堂，使书院建筑日加重视。清嘉庆六年，知府伊秉绶在黄塘建丰湖书院，用了白银五千两之巨款，《陈鸿献记略》云：这个“院三面皆水，自黄塘东折，盘踞一山，修广可百亩，为讲堂庭舍。北为堂一、室四，高五六尺，掌教者所居。上为楼曰澄观，祀文昌及周程朱张五夫子。又东伊公祠，祀太守伊公。

西祠，凡助银者以其主进。祠外堂室三，前轩西湖。前轩数十步，有阁，宋太史题为风浴。后山高处为夕照亭，伊公书也。"不但占地宽绰，庭舍盈畅，而且堂、轩、楼祠合理布设，廊、室、亭、阁因地制宜，在美丽的湖面上构成"院之胜，云山环绕，水木清华，升楼以望，则苍翠飞檐，湖光照槛，红花嶂、望天螺、荔浦、菱溪俱在指顾，至芳华洲，碧水之关，六桥暮霭，孤屿斜晖，徒倚山亭，游目契心，栩栩然觉蓬瀛之非远也"的美景，十分迷人。在具体设计上，如"风浴"阁"方广不及丈，地稍高，而于水最近，其胜奄有楼亭之半，而静适且过之矣"。这样精心营造的书院庭园，真是"此其为广业群萃，藏息优游之所，岂不美哉！"《广东通志》编者阮元游此地时以诗赞曰："行过丰湖上，如游处士乡；桥通钓鱼艇，山抱读书堂。竹影皆依水，蕉荫亦过墙；几人来寓此，足以散清狂。"丰湖书院现为惠阳师范学院，由于历年沿地大兴土木，屋宇簇拥而失原观也！

西湖历代的宅园，从记载中尚能看到一些，颇为别致。例如嘉庆末张天欣在黄塘建的张园（又号张船），"钓船犹阁园沙"，"虚亭四面春光入，爱遥峰绿到篁芽。欠些些，几树垂杨，几缕桃花，石苔留墨，窗竹摇沙"，酷似一幅岭南水墨画，稍稍几笔，写透园中潇洒。叶氏泌园是明代太子太保叶萝熊的别墅，他"买得龟峰千顷波，增筑楼台三百堵"，很有气势。但在具体处理上"飞甍往往杂茅茨，随山高下各相宜"，极注意建筑与环境的协调，力求既雅又带几分野趣。庭中空间的分隔与连接，水面动静景面的组合，均深加斟酌，巧妙构出"疏阑架槛通间地，画舫传觞接水篱"，把"啸花深处"、"香隐"、"留云亭"、"过帆亭"等结合在湖景之中，形成"卜筑丰湖上，还同濠上居"，"淼淼湖光迥，孤亭浪拍空，水从桃岸落，云到竹门封"的"西湖佳丽处"（见连国柱诗）。其余像"冰肌玉骨耐荒寒，压尽群芳占小园"的今是园，"子久家风迥出群，辋川韵事可平分"的怡园，"西新清且胜，宛若憩瀛蓬"的西新园，以及"信苍苍之非色，极深远而自然"的李氏山园等，像珍珠一样点缀湖容。可惜，这些园迹只能考于记载了。

台、亭、榭、阁、塔是常见的风景建筑，这里结合风景设置了诸如湖光亭、望霞亭、观鱼榭、水抱楼、湖平阁、钓鱼台、泗洲塔、江山一览亭之类数十处。值得注意的是，结合这里的风景还设立了反映惠州历史某些特点的项目，如在水帘洞的瀑布潭中的一块石，"尘积涤尽，心骨冷然"，故名为"洗心台"。黄塘古榕下的亭，为表"江日照我心，江水洗我肝"（苏轼诗）之义，取名"洗肝亭"，还有东圃的"澄心亭"、西山的"超然亭"、桧山的"野吏亭"、石埭山的"舫咏亭"等，对于贬谪之地的惠州，是有较深的社会含义的。这些作品，江山意远，水墨缘深，激人以长思。

令人尤感兴趣的是，惠州西湖的古典园林建筑，构思严密，室内外景观一气呵成。清代陈恭尹（字元孝，顺德人，是岭南三大诗家之一）在《忆雪楼记》中，对忆雪楼的建筑处理有一段相当详尽的描绘："不出户，见千里，君子欲之。然而非层台杰阁，无以扩其规模，非大工众才，无以峻其墙宇，虽其欲之，而不敢举也。……乃就树为轩，轩后为楼。敞北牖以宏大观，开南荣以面榕荫。窗户之间，栏槛之下，可布席而坐也。楼内列八楹，为两行，东西三丈，南北减之，自下而上，不及二十尺。制度简朴，而其地特高，其初桧山也。南势平衍，以建治所。其北枕江而峭立，郡城环于下。楼之址与雉堞平，而相去十余武，城之内外山川，可俯仰而尽。而其晴雨昼夜，可伫立而穷其变也。龙江瀰瀰，自东而西，岛屿之微茫，人居之隐见，渔樵之出入，帆樯之去来，皆郭外之寻常，而纳之楼中，则佳境也。……风雨骤至，则墨云赤电，驰突谿谷，怒涛雷奔，洲渚失据。若夫三冬之际，野烧如龙，星月之间，金波返照，则楼中之良夜也。彩霞夹江而飞，白鸟横空而翔，霜树秋红，芳华春绿，则楼中之霁日也。……而溪山之美自呈，极凭眺之乐，而结构之材不费，为高必因丘陵，亦仁政之一道也。"它不以华丽夺人，而以素构取胜，舒发出清新的岭南气息。

古时有所谓"登湖山之上，云峰之秀媚，水月之澄虚，树影、溪声、鸟啼、花落，何处而非庄严？何处而非妙丽？人知法本无相，而不知无相之非法"（洪兴文《象教说》）之说。对风景的评价确实不能只是一个模子、一个调子的。对于惠州西湖风景，各家陈述就不尽相同：

《惠州府志》列为八景：

> 丰湖渔唱，半径樵归，山寺岚烟，
> 水帘飞瀑，荔浦风清，桃园日暖，
> 鹤峰返照，雁塔斜晖。

《西湖纪胜》列为十四景：

> 西新避暑，黄塘晚钟，苏堤玩月，
> 榜岭春霖，象岭飞云，荔浦晴光，
> 桃园日暖，丰湖渔唱，半径樵归，
> 合江罗带，山寺岚烟，水帘飞瀑，
> 鹤峰返照，雁塔斜晖。

《西湖纪要》列为十四景：

> 西新避暑，黄塘晚钟，苏堤玩月，
> 榜岭春霖，象岭飞云，荔浦清风，
> 桃园日暖，丰湖渔唱，半径樵归，
> 合江罗带，三台晓日，万壑松风，
> 鹤峰返照，雁塔斜晖。

番禺杨作熙列为八景：

> 楼头宸翰，岭上樵苏，晨钟敲梦，
> 暮鸟投林，野港观鱼，水亭玩月，
> 石桥春涨，竹坞朝烟。

《惠州西湖志》列为十八景：

> 象岭飞云，横槎穷泛，鹤峰返照，
> 榜岭春霖，红棉春醉，丰湖渔唱，
> 水亭玩月，半径樵归，留丹点翠，
> 荔浦晴光，花洲话雨，山亭代汛，
> 古洞云归，犹龙剑气，水帘飞瀑，
> 三台晓日，玉塔微澜，西新避暑。

以上五家同在惠州西湖取景，但列景各由其是。其中以吴骞《西湖纪胜》和张友仁《惠州西湖志》所列较全。前者有诗画文对照，易于领略，富有情趣；后者在归总前人景列的基础上提出的近代景说，品题精趣，且与现实较为接近。

现将上述的主要风景综述如下：

丰湖渔唱（图1.3.5）——湖在丰山下，一碧汪洋，波光如练。渔船三两划过。湖之丰，渔之乐。湖面渔歌与书院读吟、山寺钟鸣应和一片，正是：

> 清响遥随湖水波，卖鱼沽酒即高歌；
> 四边也有禅林梵，不及渔歌天籁多。

水帘飞瀑（图1.3.6）——在石棪山中，岩石秀峭，水花飞溅壁青玉而走白虹，注潭激石，如鸣鼓钟，灿灿连珠，以水石相喧涌。如此"石作山房水作帘，苍崖深处奏冰弦"的奇景，在其他西湖里是少有的，真可谓秀逸殊绝。

图1.3.5 丰湖渔唱

图1.3.6 水帘飞瀑

象岭飞云（图1.3.7）——象岭位于城西北隅，距湖20里。峰峦秀杰，苍翠扑人，磅礴耸峙，凭湖眺望，有若屏嶂，特别是有云气常飘忽，出岫而袅晴空，变幻万状，呈现嵯峨象岭特异云态之奇景。

图 1.3.7 象岭飞云

榜岭春霖（图1.3.8）——榜岭在湖南四里，上有瑶池石楼。登其巅，惠州胜景一览无余。湖上雨奇，以此为最。每逢烟雨空蒙，仿佛诗中之画，一旦云山隐现，有若画中之诗。真是"化工图画异尘寰，无意安排致自闲；才遣东风吹雨过，便成一幅米家山"。

半径樵归（图1.3.9）——半径在黄峒山之东，草木丛茂，古时百姓多在此砍柴，日落鱼贯而归，这种情景，吴高诗曰："荷盖盖头归，知是前山雨；好鸟如有情，见人相慰语；明日却复来，山灵不厌汝。"是个很有生活情趣的画面。

图 1.3.8 榜岭春霖

图 1.3.9 半径樵归

荔浦晴光（图 1.3.10）——古时，在小西门外的岛渚上，有名亭杰阁，荔枝林木茂密成荫，每年荔枝熟时，阳光照得红实累累，灿然锦屏绣嶂，此番岭南景致独有风味。

图 1.3.10　荔浦晴光

桃园日暖（图 1.3.11）——旧时，元妙观附近有个桃园，芳菲春日，灿烂朝霞。古时有诗云："红雨霏霏映日斜，湖边春色武陵家；幽清一派横槎水，何处花源问已差。"

苏堤玩月（图 1.3.12）——苏堤，亘于湖之旷处，天心月到，空明身入，冰壶水面，金波璀璨，景同瑶岛，水天一色，上下寒光。正是："茫茫水月漾湖天，人在苏堤千顷边；多少管窥夸见月，可知月在此间园。"

图 1.3.11　桃园日暖

图 1.3.12　苏堤玩月

西新避暑（图 1.3.13）——西新村在西新桥附近，东坡西新飞阁即于此，登阁望湖一览全湖之胜，这里修竹垂杨，盛夏尤凉，正是："堤边修竹间垂杨，嫩绿繁阴夏景芳；飞阁腮开元无到，蝉声唤起满湖凉。"

图 1.3.13 西新避暑

玉塔微澜（图 1.3.14）——泗洲塔立于西山，唐时已有，后废，明时重建，是苏东坡常游之地。每当明月东升，微风舒波，塔影卧其间，画意极浓。有"一更山吐月，玉塔卧微澜"，"不知若个丹青手，能写微澜玉塔图？"之诗相赞。古时"雁塔斜晖"一景亦指此处。

花洲话雨——今百花洲，古称花墩。旧有落霞榭。这里分时繁卉，香风半湖，每当西湖雨时，在此观赏"榜岭春霖"最妙。

红棉春醉——明月湾前有一小岛，古有湖光亭，形如船，岛上红

图 1.3.14　玉塔微澜

棉苍古，前人有"云水空蒙草树妍，湖山幽赏晚晴天，绕亭花放红于火，万绿丛中看木棉"的诗咏相赞。现建有红棉水榭，为西湖旅行社，与明月湾建筑组群巧妙地连成一体。

留丹点翠——今点翠洲。明代才女孔少娥（字文秀，归善人）在《点翠洲诗》中曰："西湖西子两相传，湖面偏宜点翠洲；一段芳华描不就，月湾宛转似眉头。"是西湖岛景一胜。嘉靖年间有点翠亭，后几经兴废，现在亭阁增添，绿树成荫，还有九曲回桥相渡，风景极幽静宜人。

从上所述，我们不难发现，惠州西湖在长长的自然和历史的里程中，逐步形成了一个颇有性格的园林。归结起来，其性格主要表现于以下几个方面。

1.　旷貌幽深的自然素质

不论从惠州西湖的历史，还是从其景观的形成和发展看，惠州西湖是个相当独特的园林。它既不同于北方离宫型的皇家园林，也不同于江南深庭曲院的私家园林；它与庐山、罗浮山之类的天然风景园林有别，又不是一般的城市园林。就同类西湖而论，与平地造园的颍州西湖也不一样，就是与杭州西湖相比较，亦有貌合形异之分别。清代吴寄在《西湖纪胜》中，有一首相当形象的诗句来比喻，其曰："西湖西子比相当，浓抹杭州惠淡妆；惠是苎萝村里质，杭教歌舞媚君王。"杭州是南宋京都，杭州西湖这个京都园林造得韶华瑰丽，像个打扮了的"西子"；惠州西湖是个民间园林，没有涂脂抹粉，像乡下的美女，以"淡妆"取胜。也有人把西湖比作漂亮的花朵，喻杭湖为鲜艳夺人的"牡丹"，把惠湖比作清雅迷人的"荷花"，北牡南荷，遥相辉映，这些比喻生动地点出了惠州西湖那种以自然风景为主，又充满民间生活气息、旷貌幽深、俊秀迷人的特色，表现了岭南风景城市园林特有的素质。在这里，无论是唐代香客云集的开元寺，还是明代书生群聚的各类书院，或是历代的名士私园，均因地制宜，就郡治周围点缀湖屏，它们规模均不大，没有金碧辉煌的筑构和装饰，协调于江月风韵、湖山幽邃的格调中，使人处处呼吸到山乡的气韵、湖光的波辉，有所谓"豪饮将军宴清客，此间风月不论钱"的绝句品评。

2.　深刻反映了当地史实的特定含义

这里有寺观、庙宇，但不是梵钟孤鸣、香烟弥漫的寺庙园林。

这里有青山秀水、风花雪月，但不是金楼玉阁、宫女簇拥的离宫别苑。

与圣地、宫园的含义相反，恰恰是古时朝廷贬谪政敌、流放囚犯、充军百姓的"蛮村"。因此，这个岭南园林的深处，或隐或现地深深反映了当时社会矛盾在此的反响。譬如孤山下的六如亭，传说是苏东坡侍妾王朝云刚死不久，因佛灵显圣，五迹大仙回煞，栖禅寺僧希固所筑，以念王临死前诵出的"如梦幻泡影，如露，又如电，当作如是观"的金刚经四句偈。这从虔诚的佛教意义上来说，是无可非议的。但是作为惨遭贬谪的苏东坡及其甘随受累的侍妾，处于绝境时吟出如此玄幻的"如是观"，刻其碑记，立其亭筑，不正是反映了苏东坡本人、类似苏东坡的人和同情苏东坡的人的精神境界？清代廖鸿诗中说得更明白："天涯沦落孤亭在，半是浮生作是观；照尽凄清两湖月，水光犹为美人寒。"（见《粤东诗海》）它那"不增、不减、不生、不灭、不垢不净。如梦、如幻、如泡、如影、如露如电"（六如亭对联词、清林兆龙作）的人生观，恰恰是对腐败朝廷的无情控诉。那种"天涯潘鬓惊秋早，恨频年青山红粉，伤心人老（见张九钺《金缕曲》）"的心情，又何止张九钺（字度西，别字紫观，湘潭人）一人。在湖上断续出现的"野吏亭"、"舫咏亭"、"超然亭"、"望野亭"、"不相干楼"、"忆雪楼"、"逍遥堂"等，大概与上述缘由不是"不相干"的。

3. 充满民间浓厚的生活气息

史实表明，西湖的形成，始于宋代兴堤筑桥、蓄泄湖水、溉田育鱼、利于民生之措施，使"民食其利，物阜其生"。搞了一番水利建设，既发展了农副业，又获得了美丽若画的园景，使"荔浦之风益清，桃源之日愈暖"，"薄雾凝霭，素月流空，渔樵藉舟楫之便，游于写行吟之乐"，呈现一片"湖之丰，渔之乐"、充满民间生活气息的"丰湖渔唱"胜景。岭南，繁草茂绝，樵民自黄峒山打柴，荷薪而归，鱼贯行于丰湖堤上，欢歌笑语与渔家唱声回融一池，随着微风吹拂，轻波荡漾，汇成一曲极具岭南风情的动人乐章，真是：曲曲清流曲曲山，快乐半径泻澄湾，樵歌渔唱随波发，乐得东坡诗如滩。

4. 因外而内的筑园处理

由于西湖四境奇胜，卜筑者无不因景设室，求得四时不失湖乐之趣。苏东坡在白鹤峰定居，很明显，其意在"峰"不在"居"。他虽打算在此"终老"，但新居无非"聊以住处"，并"非真宅"，主要想在这"千岩之上",饱赏"海山浮动而出没,仙驭飞腾而往来"之胜景。就是在屋里,不但引来"江上西山半隐堤",还可"卧看千帆落浅溪"。这种借景充室、庭影江河的造园手法,既反映了苏东坡晚年的虚茫处境、又体现了他善于相地造景、巧于因借作庭的筑园造诣。

在"谁画为屏"的西湖风景中,因外而内的造园实例除东坡故居外,还有不少例子记载,如"几树垂杨,几缕桃花"的"近水人家"张园,在黄塘湖边,以"虚亭四面春光入,爱遥峰缘到檐芽"的构思,获得"四围画山全览尽,一曲丰湖水满坡"的胜景;又如"归筑楼台半在湖"的叶氏泌园,以"留云"、"过帆"等为品题,做到"天中丝管常留客,屋里湖山欲增僧"的风趣地步。此外,如"森森湖光迥,孤亭浪拍空"的湖心亭、"罗浮郡山下,楼阁枕沧溟"的野吏亭、"缟衣和月影徘徊,留待先生索笑来"的松风亭,以及"江山意远,水墨缘深"的红棉水榭等,均是以景观的因借来确定其本身的佳例。

5. 丰富多样的园林建筑项目

西湖的建筑,历代记载颇多,从得到的有关考据的不完全统计,共有 27 类,246 项。包括祠、堂、寺观、庙庵、书院、诗社、山庄、宅园、庐舍、亭、台、坛、阁、榭、轩、楼、斋、坊、巷、矶、圃、碑、塔、桥、堤、墓塚、穴洞等,其中以寺观、书院、祠堂、宅园、亭阁等为著。这些建筑中除纯粹点缀和观览的风景建筑占 1/3 外,求神拜佛的寺观庙庵、纪念贤辈的祠堂精舍、广集学儒的书院诗社及名士卜居的故居墓塚等宗教、文化和纪念性建筑为数不少,形成了带有广泛内容的综合性风景园林。诚然,由于各个历史阶段的社会条件不同,不是各时期都是等量齐观的。譬如宋代以前,西湖处于雏形阶段,由于佛教等宗教的传播,而普遍出现诸如求福寺、开元寺、栖禅寺、无妙观等寺观建筑;而宋以后,特别是明、清时期,由于惠州经济和文化的发展,竟纷纷出现像丰湖书院、西湖诗社、景贤堂、五先生祠之类的文化建筑和纪念性建筑,这样便逐步促成了西湖建筑项目的多样性，且作为某种特征而留存下来了。

6. 不拘一格的园林布局

西湖四面环山，水面丰盈，湖山相映，水光接天，景域自然幽深而旷朗。湖中的洲渚堤桥，宛若珠练，点缀在浩淼的湖面上。这种自然格局自宋代就基本形成了。沿着嵯岣溪壑、曲水碧湖、洲岛矶渚、桥堤台坛、翠坡绿岭，依势而设，随景而筑，不拘一格。宋城较小，临城的三山立于湖江之间，形成"左瞰丰湖右瞰江，三山出没水中央"的胜景，坐在桵山顶上的野吏亭，所以"顿消烦渴豁双瞳"（张联柱诗）。走出明城，登拱北桥，上迎恩亭，眼下湖上倾江，滚雪流珠，大有"不尽观澜意，相将踏卧虹"的感慨。三台石上文星塔下，栖霞、回龙两寺的梵钟，万寿塔前桃园近旁，永福、元妙寺观的烟香，和着附邻泗洲圣塔的罗浮栖禅寺院的经吟，悠然若入大佛圣地，呈现一幕"枕江结幽寺，出郭逐闲僧，径曲钟声转，堂虚塔影层"的情景，为西湖的局部景区恰到好处地安排了品题。

寺庙群的前面是佛海般浩瀚、诚心般清澈的平湖、鳄湖、丰湖和菱湖。苏堤像海面升起的长虹，闪烁在花墩、芳华、点翠、浮碧、荔浦和西村之间，迷人的湖光山色，使东坡夜游起来，"逮晓乃归"，《江月五首》的绝句至今在湖波中回响。

书院和宅园，多在苏堤南丰湖边，尤以黄塘、西村最胜。琅琅读书声，震彻江外岭，幽雅深静的环境，使书楼文阁、风亭鱼榭、钓台茶轩，更加协调于天心照湖景中。

山区取景不多，但所择"半径"、"水帘"均奇绝。这里不但富于野趣，而且"一道珠帘水，长悬苍翠间；冷风吹白日，急雨响空山"，景象妙极了。如此景致，就连旧时杭湖出来的美术家戴熙也叹为观止，认为"西湖各有妙，此以曲折胜"（见《惠州西湖志》）。

7. 简朴清雅的建筑风格

由于兵燹破败，西湖留下的古建筑极少，幸存者均几经兴废而面目全非了。

从遗存下来的泗洲塔（图1.3.15）、元妙观（图1.3.16）看，这些明、清时经过复修的建筑均较简朴，不像杭州西湖建筑那样韶丽。从记载所考，元朝至治、元统年间修元妙观（当时称玄妙观）只是"正殿两廊，钟鼓二楼三房，库房，横雷重檐，涂饰壮丽，像座威严"（周歧后《修元妙观记略》）。其"重檐"之状，清代吴骞《西湖纪胜》的风景插图中有反映，"涂饰壮丽"的描述与岭南园林建筑的典雅传统也很一致，存迹中也确构架简朴，格扇、挂落的处理较精细、清雅。此外，陈恭尹《忆雪楼记》中所述忆雪楼的构筑，其格调亦属简雅，云："就树为轩，轩后为楼，楼内，列八楹，为两行，东西三丈，南北减之，自下而上不及二十尺，制度简朴。"这与东坡故居的朴素堂斋气氛也基本一致。就是唐时子西故居，也是"白沙翠竹门前路，疑出西

图 1.3.15　泗洲塔

图 1.3.16　元妙观外景

邻向草堂"（宋闲居诗）。西村的叶氏泌园规模属稍大的宅园，其建筑亦不取华艳，而是"飞甍往往杂茅茨，随山高下各相宜"。可见，惠州西湖建筑简朴清雅的传统风格是一脉相承的，这也正是惠州西湖元气益盛、风貌愈俏之所在。

四 汕头市金砂公园规划设计

汕头市金砂公园位于汕头市东部新区——金砂区中心，就旁是汕头经济特区，处地显要、选点得当，在绿化面积较少的汕头市里，尤显珍贵。

此园的定性，需从三个方面考虑：

1. 它应是汕头市东区百姓游憩的场所

从这个意义上来说，它是个区域性的综合公园。所谓综合性，就是能综合地满足居民游憩的需要，老年人来这里能坐一坐，有品茗闲喧之地，青年人来后有其活动的场所，少年儿童来了也乐于玩一玩，有个户外回旋的余地，使百姓在居住区里身心有所舒展、性情有所陶冶、生活有所调剂，也能从中有所教益。随着生活水平不断提高，人们会是劳逸有度、工休有节。该公园的建设，使年老者有去处，少年还有育才之境地，以公园的良好适应性能满足人们工余之需。

2. 它应在汕头市公园网中起到完善和提高的作用

汕头是个海滨城市，就公园类型而言，已较好地发挥了海景特色，目前已拥有海山峋嶙、涧木幽荫的岩石风景区，有浪琴谱日、渔唱写月的妈屿岛胜，有礁石筑山、双江护水的中山公园，还有海滨公园、广场绿化和小公园、石炮台等（图1.4.1），构成了汕头市公园网的海景基调。中山公园是历史留下的全市性综合公园，现状上已有较大的局限性，不必多费笔墨，可以按现状维持下去。现新建金砂公园为避免千园一式，无需再重复海山、海岛、海滨的海景类型，应途别路，以完善公园类别。同时，在已有自然园和历史园而内容设施未达先进水准的情况下，新建园应着眼于能适应现代生活和当地风情的先进设施，用以提升汕头公园的素质。

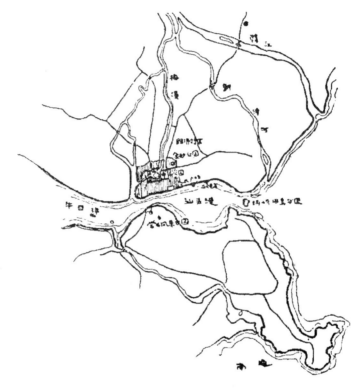

图 1.4.1　汕头市公园网示意图

3. 特区的建设业已开始，势必带来旅游事业的发展，毗邻特区的新建公园无疑应适应此形势

金砂公园建成后，外地游客到汕头，除游赏潮汕风光、观光工农业生产外，如想了解一下城市生活和科技文化状况，只需去新公园走一走，就能从中看到当地的水准，领略汕头文明，分享潮州特色，把旅游渠道适当而有效地疏入公园，可使园中景观更为丰实、更为精美。

可见，新建的这个公园不能按常规行事，应是一个为居民服务为主，又能满足旅游需要，既具有现代化水平，又富于地方风情的区域性新型公园（图1.4.2）。

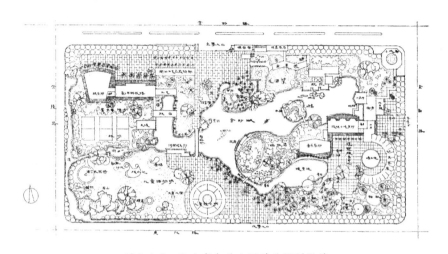

图1.4.2 汕头市金砂公园总体规划设计

在规划设计上如何体现这一思路，是个复杂细腻的实际问题，需要认真对待。

园址现状是块方方整整的菜畦地，东西长392.5米，南北宽293.02米，内有大小水塘32口，新建马路周围连通。其南、西两面是5至8层的新建住宅建筑群，东邻新建的10层宾馆，北临的马路是条全市性干道，其对面正兴建市内高层公共建筑，周围环境已构成一派新兴蓬勃的气象。

在这样的环境里，首先想到公园对该区建筑环境的调剂、想到新区居民生活的需求是毋庸置疑的，在规划上势必定出其基本活动功能的合理布局。

居民进公园，各有其好，不同年龄阶层的人去向各异。大人带小孩逛公园，一般迁就小孩，如果没有适当的游乐场所，小孩淘气、大人负气，落得个不悦而逐。青少年生性爱动，喜学好奇，公园里最好有个能学的场所、能玩的场地和能启发智能开发的设施。上了年纪的人与前者不同，来者多为健健身、散散心、缓缓气，以品茗攀谈、漫步赏景为乐。为此，将方圆 83 000 平方米的地盘大致分成动、静两部分，老、青、幼 3 个活动区，分别适应各自需求，彼此之间利用 32 口水塘连成的水面来分隔，促成因势衍成的有机园景。

所谓动、静，是相对于使用对象的活动程度而言。一般来说，青少年和学龄前儿童的活动欢闹且次数频繁，属"动"的，把它放在公园的东半部。上了年纪的人，活动较温文闲雅，属"静"，把它放在西半部。由于学龄前儿童与青少年的活动又有差别，故将"动"的东部按南、北又分成学龄前儿童游乐区和青少年活动区。

我国正大力推行计划生育，城市里一对夫妇只生 1 个孩子，家长对小孩益加疼爱，时不时携小孩来公园玩乐，公园里的幼儿游乐额益增。为适应这一情况，该园临住宅区的南向设立次入口供其方便，并以较畅朗的园地建立室内外游乐设施。其室内游乐场采取造型新颖的环形建筑（图 1.4.3），内设动画、录像、电子游戏和儿童酷爱的室内园等，让幼儿玩赏到在幼儿园和家里难以设置的东西。室外，结合草坪、砂池、滑梯、秋千、蹬步、石洞、转椅、露地、戏水池等游戏设施进行园林装饰，诉诸天然，使小孩在游玩中就能触及"自然"世界的乐趣，即使是活动场的疆域，也不用封闭的围墙与外隔绝，而以浅水渠作溪涧，用以加强幼小心灵的自然启蒙气氛。至于北面的青少年活动区，其设施就有所不同了，这自然与他们已不拘泥儿童活动项目有关。为了培养青少年从小就热爱科学的品格，公园设立一座青少年科技楼，利用课余时间进行天文、航海、无线电、手工艺、书画、音乐、体育等科技、文体活动，可以请社会上的名流、专家到小报告厅里作报告，放录像、幻灯片或小电影，也可以利用科技楼内的展览室展出古今中外的科学家、政治家、文学家的蜡像及其事迹，陈列出土复制品或最新科技模拟成品，以至他们自身的习作等，用以培育、启发智能的开发。室外设有羽毛球场、花地、航模表演池、划艇等，形成青少年的活动中心（图1.4.4）。

图1.4.3　儿童游乐场

图1.4.4　青少年活动中心

西半部与前不同，是以中老年人活动为主的场所，设置风雅，景色幽韵，以茶座、水榭、楼阁、板桥、花架、丛林、幽岛、花卉、园道、滩景、湖面之类促成，以便老人弈棋、品茗、观鱼、聊天、漫步、赏花、养神健身等，把所有设施都结合在园林景观之中。

基本功能布局确定后，突出的问题是把规划设计深化，使之同时适应旅游的需要。

所谓旅游，旅游科学专家国际联合会下过这样一个定义："旅游是非定居者的旅行和暂时居留而引起的现象和关系的总和，这些人不会导致永久居留并不从事赚钱的活动。"按通常的理解，旅游就是出外游玩，常常与人们看一看、住一住、听一听、尝一尝、带一带的习惯有关。尽管所有的公园实质上都带有"旅游"色彩，但真正有"旅游"

功能的这个公园，在内容和素质上确有差别，专营旅游的公园其差别就更大了。至于对金砂这个持有特定地位的公园，如何结合该园实际来体现其旅游功能，主要从以下几个方面来谈。

1. 要有特色

旅游点的吸引力，从根本上说在于那里有无与众不同的特色。美国佛罗里达州的迪斯尼游乐园，在 110 平方公里的范围内建了设备良好的剧院、音乐厅、天文馆、体育馆、饭店、餐厅、娱乐场、游艇、缆车等，真人服务假人表演，五花八门热闹非凡，每年可吸引 100 多万人次的外国游客。泰国建了一个复制全国主要名胜古迹的"古城"来招徕游客。印尼却把全国各地有特点的建筑物仿建成一个"缩影公园"。日本的"明治村"、香港的"宋城"以及正在仿造岭南古典园林的深圳良湖，无不自持一胜，就连名扬古今中外的埃及金字塔古迹区，为了进一步发展旅游业，也在古城卢克索的卡纳克神庙里搞起了所谓"声与光"晚会，以现代的声、光技术向游客介绍法老王朝的史话，把观众诱进几千年前的王朝气氛中去，很有点古老当时兴的玩味，赋予了卡纳克神庙新的生命。这些实例表明，千方百计地突出自身特色是发展旅游业的根本途径。

作为区域性的金砂公园，自然无法与上述的旅游区比高下，而启用地方特色来提高公园素质，不但不妨碍居民使用，反会因跃而跳，双方都会得到加强。

汕头，古时是我国文化古城潮州的郊野，长期以来，潮汕人形成了自身一套完善的语言、音乐、戏剧、工艺、烹调、风俗、民居等，是个很有特色的地区。它不但驰名国内，且远扬海外，有一定影响力。日本有茶道，潮汕却有个"功夫茶"，自古以来，家家老小无不品茗，其操作没有茶道那样繁琐，但选茶、用具、泡制、品茗方式等异常讲究，当地百姓以其作为消劳生津的一种日常生活嗜好，也是通常待客的见面礼，外地人来此无不乐道茶兴之风雅。今于园西的老人活动区里特地设了一个功夫茶座（图1.4.5），用地方竹构形式建成弧形的单层建筑，沿弧按卡位分席，弧心置有喷泉，周围绿拥花香，老人在此聚友品茗有若如家茶叙，游客进座饮用无不领略异乡茗趣，使宾主都乐入润土、乡染心田，甚为园意增趣。

图1.4.5　功夫茶座、风味小吃、音乐茶厅

潮州音乐，承受过唐、宋的清燕乐、法曲、道调，以锣鼓乐、弦乐、细乐三大形式著称，其独特的潮州庙堂音乐，音调清幽柔润，节奏徐缓平稳，若秋日流水，似春朝浮云，令人闻之耳目一新。1957年，潮州音乐代表团在第二届青年联欢节演出的潮州广场音乐，享获金质奖的国际声誉。现在金砂岛上建个小型的、设有小舞台的音乐茶厅，让游客在茶兴中聆赏潮州古乐，倾听地方小调，见识敲击有度、和乐盈韵的锣鼓声，那种如滴泉润、如射晴空、如鸣梵响、如战群雄的演奏，既增加了公园的活动内容，又提高了公园的文化素质，于景清新高雅，于人心旷神怡。

潮州工艺，古今称著，曾荣获第三十二届国际博览会金质奖。它质精类广，品品堪赞，其抽纱、珠绣、彩陶、木雕、嵌瓷、贴画、骨刻、玉雕、金银饰、金漆画、竹饰、彩蛋、瓶内画等琳琅满目，不但为青少年活动中心提供了广泛的手工艺研究和学习题材，也为旅游业提供了丰富的旅游商品。公园正门右侧的潮州工艺陈列展销馆和青少年活动中心的手工艺活动室，既为科技活动和商品销售提供了便于研究、观光和经营管理的条件，又使青少年活动区组成有机组合的建筑群。

潮州烹调，在东南亚深有影响，那咸、甜、煮、炸均具的潮州风味小吃，更推广至海内外。公园里一般不宜建酒家立餐馆，因为庞大的体量、复杂的设施、拥堵的交通和污废的排除，常常殃成园景的破败，这个教训是不言而喻的。然而，随着国内外游客的不断增加，园内服务设施势必随之相长，方便游客在园内过餐的小吃，已属常例。此地结合左右茶座及音乐茶厅，增设风味小吃的小餐厅、小厨房，只要在技术上做到污水由就旁干道下水系统排出，小烟囱隐入景墙而不伤园景，就能避短就长，很好地满足游客的过餐之需，并从中享受到富有当地特色的驰名风味，以此有机形成各具特色的游憩服务中心，构成园中极富风雅的小体量建筑群。

潮汕民居，独有一格，其木刻、石雕、彩画、格扇等装修技艺又进一筹。园林建筑及其装修有效地吸取当地特色，是公园体现地方性的直接手段之一，也是建筑师和园艺师长期探索的课题。实际体现各有各法，但客观效验往往差别甚大，特别是那种只着眼贵重装修材料，硬搬他方形式为己方特色者，难免事倍功半，消特失色，以致弄巧成拙。在园林建设投资普遍不富裕的今天，尤需找出能体现当地地方特色的渠道，做到"土"富气韵避其陋，"精"在是处出其俏。

金砂公园是处于新型建筑环境中的公园，为协调整体气氛，自然不取古老建筑形式为基调，宜用新颖中不失乡土传统的手法，使园林建筑结合园景构图和实际使用功能，有重点地体现当地传统精华。

譬如：为突出全园景观中心，吸取潮汕花亭的做法来构设金阁（图1.4.6），摆在公园主、次大门均可对景的全园重心位置上，既作该园进门的地方识别性标志，又成整个园景的构图中心。又如：为增强园中乡野气氛，吸取潮汕"四点金"、"下山虎"的民居特色来构设鮀庄（图1.4.7），置于盆景园与小风味餐厅之间，既满足了旅游业必要

图 1.4.6　金阁

图 1.4.7　鮀庄

的接待需要，又较完善地使游憩服务中心和盆景园有机联系并互为对

景，形成较浓厚的乡土气息。游客进园后从金阁经摄影部（图1.4.8），进入具有潮汕木雕、漆画、竹饰的盆景园（图1.4.9），在鮀庄小歇后到新颖的竹构形式的游憩中心，可以看到种种地方格式，品味阵阵潮汕风味。

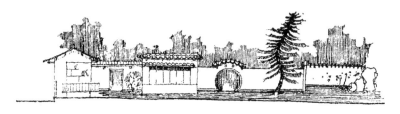

图 1.4.8　摄影部及其环境

图 1.4.9　盆景园

2. 要有时代感

旅游是时代的产物。随着人们生活水平的提高，旅行将与衣、食、住一样成为人们生活的必需。自19世纪40年代英国人汤姆斯·库克创办旅游业以来，到20世纪60年代，旅游业已成了世界上重要的经济活动之一，作为"无烟工业"、"无形出口"推动了一系列经济部门的发展。公园被赋予旅游使命后，也更加呈现出时代的色彩。

我国的诗画园传统仍然具有不可替代的魅力，但是，由于科学技术的飞速发展，在公园里它已不能完全反映现代公园的需求，只有在传统躯体上附以时代的信息，才能获得新的活力。儿童坐上有火箭下有飞船的转椅，可以体验现代飞航技术的乐趣；进入电子游戏场、蜡人馆、全息摄影和录像室里，可以在真真假假的现象游览中得到奇异世界的熏陶，打开幼小心灵的智慧窗户，接收各种智能信息。因此，儿童游乐场的内容和形式均宜选用新款式，场地上设置的各种玩具都应具备天真活泼的可爱造型，表达内容所具有的时代功能。青少年活动中心是为青少年科技活动提供场所的建筑物，由于本身具有较强的时代感，建筑环境也自然易于体现现代气氛。

新型公园的大门造型是表达公园性格的重要手段之一，该园采取以简取新的手法设计了主、次两个大门，主入口以一横二竖的板形门式（图1.4.10），干净利落，其表面晶亮的砂石饰面，既直接又不觉暴露地传达了"金砂"的含义。次入口以三环扣成（图1.4.11），三环与三板呼应，纳入了统一构图体系，结构新颖，造型活泼，作为供儿童出入的主要门式，尤显适宜。

图1.4.10 公园正门

图1.4.11 公园次门

公园雕塑是反映园景时代感的重要途径。此园吸取潮汕石雕技艺，构设了三组雕塑，一以"天真"为主题，点缀在儿童乐园；一以"探索"为主题，安排在青少年活动区；一以"无题"雕塑放在游憩服务中心的景区里。三组雕塑反映了三区的特征，同时又展示了公园的新意。

此外，园中由外资引进的先进摄影设施、鲍庄的室内陈设和空调、小餐厅里的精美装修、音乐茶厅里的现代音响设备以及主要景点的现代园林灯光设置等，无不反映现代气息，这不但提高了旅游质量，也使园景大为增色。

3. 要有利于经营管理

经营管理是办园的基本问题的另一面，规划设计如果离开公园的经营管理实际，只会束之高阁。经验表明，只有在确定满足公园基本功能的同时，考虑到其日后的经营，方能开拓出有源之流、有本之木，使规划付诸实践，使设计获得预期的效果。

公园的建设和管理需要不少资金，规划设计时要预想到公园建成后，在履行公园使命的同时，考虑到公园自身的收益，把许多项目与设施紧紧地与搞活经营结合起来。莫大的水面可以养鱼、植荷，既供观赏又作风味餐厅肴源；天然摄影场景观布设，不但把内外均可经营的摄影部组成园中景点，也因影场的别致而易于招徕生意；风味小吃主要为园内游客服务，又设对外服务点，既可调剂园内经营，又能为城市居民提供早点、宵夜和小吃；花鸟店与盆景园的有机结合，使露天培植的花卉、盆景和室内景栽、鸟唱融成一气，园中已自成珍美一环，园外顾客也可乘售而赏，经营与培育互成其效。此外，如小报告厅、展览室、音乐茶厅，因临时需要有作独立租用陈列、演出的可能，把社会上的文化艺术力量吸引到园中，不但可以不断更新园内活动，也可带来可喜的收入。

公园经营要搞活，必须具有科学的管理，管理不善不但会导致经营失调，还会直接伤害园景，使公园欲办不成、欲拓不达，变城市珍珠为粪土。要做到科学管理，除管理人员的主观能力外，主要取决于先天的规划布局。居民每天到公园来茗茶，大可不必穿越园内其他景区，最好自有独立的出入口（图1.4.12）。来公园参加科技活动的青少年，也无须干扰老年人的游憩服务中心，这样便可避免观赏花卉和珍品盆栽的无谓受损。对于单纯购买手工艺品、观赏花鸟、摄影和进住鮀庄的人，尽量在临街或接近干道处给以适当独立处置，避免因经营而造成各景区的干扰。全园的四周边界维护要有，但不宜都采用高栏、围墙，而取轻巧的铁栏、橱窗和水渠，主要干道上还间断插置临街的外销服务性建筑物，使园既能管理又不封闭，还便于一些服务性项目的对外经营，丰富了街景。小朋友爱划艇，游艇码头（图1.4.13）自然近乎儿童与青少年活动区之间，而静观近赏的水榭最好设在老人活动的岛上。青少年与儿童的场地划分还是以溪涧水型来协调园景，中以智虹桥相连接（图1.4.14），既可分别管理又富有寓意，使便于管理与统一园意融成一章，继托了传统造园的气脉。

图1.4.12　茶座、餐厅入口

图 1.4.13　游艇码头

图 1.4.14　智虹桥

五 新会市圭峰山风景名胜区总体规划

新会市圭峰山风景名胜区位于珠江三角洲西南角，紧邻新会市区，距江门市区7公里，是广东省20世纪80年代第一批公布的省级风景名胜区。总面积55.1平方公里。圭峰山风景名胜区临城近海，毗邻两个中心城市，历史悠久，环境独特。

在珠江三角洲地区，由于水系发达，河网纵横交错，所以古代城镇聚落选址，往往选择在地势相对高爽、利于防洪排涝、风景优美、交通便利的地方，以背山面水为基本格局。风景优美之处往往成了百姓休息娱乐的地方，特别是州府之地，更得山水形胜。优美的自然山水经历代修凿经营，多有题咏，逐渐成为官民共享的风光游乐胜地。这一类风光胜地，半由天然，半为人巧，一经产生，便和城市密切结合。如端州（今肇庆）星湖、惠州西湖、广州白云山等。随着时代的前进，这类风光胜地渐而发展成现在的风景名胜区。它们除了具有一般风景名胜区的基本性质外，还兼有城市公园的性质；不仅可以保护自然风景资源，还可以直接协调和改善日益下降的城市生态环境质量；不仅促成城市独特风貌的形成，甚至可以促使该城市成为风景旅游城市。新会市圭峰山风景名胜区就属于这一类。

（一）概况

圭峰山脚的新会市古称冈州，为岭南一大都邑，距今有1 300多年的历史，如今是著名的侨乡。圭峰山侧群峰俊秀，湖泊众多。叱石山脉、云峰山脉、圭峰山脉夹出中间盆地绿护屏，形成"三山夹一屏"的自然风貌和"绿、深、奇"的景观特点。新会是历史文化之乡，素有海滨邹鲁之称。历代以来，高僧羽客练真，名儒硕彦讲学，百姓休憩娱乐，往往集中在圭峰山。古往今来，圭峰山上留下了大量的文化遗产。圭峰山上的玉台相传建于东汉桓帝建和年，到唐中宗神龙元年（公元705年），中国密宗始祖、古代著名天文学家一行高僧云游圭峰山，为这里的秀丽风景所吸引，驻留其间，开堂说法，香火鼎盛。在名儒硕彦中，著名的有唐代黄公元，明代陈白沙、陈献章、黄公辅、李之世等，今圭峰山上有纪念他们的寺庙、亭阁和其他文化遗迹。新中国成立后，圭峰山成了干部劳动学习的地方，党和国家领导人周恩来、朱德、贺龙、叶剑英及许多社会名流，如田汉、郭沫若等都来过圭峰山，并留下了许多珍贵的墨宝和照片。

新会市对外开放较早，由于大力发展经济，城市（镇）发展迅速，圭峰山风景名胜区南边是新会市区，东边是江门市，西北边是鹤山市，西边和北边是发展迅速的大泽镇和杜阮镇，按照区域及城市总体规划，圭峰山风景名胜区四周都将有高速公路和一级公路通过。城市、经济发展的同时，人们的物质生活水平明显提高，1994年，新会市被评为全国小康80强之一。但是与此同时，也带来了土地侵吞、自然生态环境破坏的问题。如某些单位为追求经济效益，在风景名胜区内盲目开山采石，乱搞旅游开发，使生态环境和自然景观受到严重破坏。

因此，如何协调风景名胜区与城市的关系，如何在经济条件下既保护自然生态资源、文化遗产，又合理开发利用风景区及其周边地区的土地，如何使风景名胜区的功能布局、交通组织、环境容量的控制及旅游服务设施的安排与周围城市（镇）密切联系，是圭峰山风景名胜区规划中应考虑的问题。

（二）规划指导思想及基本原则

新会市圭峰山风景名胜区规划在立足于保护自然资源和人文资源的基础上，合理利用和开发旅游资源，在保护风景区内良好的生态环境和充分发掘风景区固有特色的前提下，灵活、合理地利用土地，设置旅游项目，把积极的保护与有效的建设真正有机结合起来，使环境效益、经济效益、社会效益达到根本的统一，增加风景名胜区自身发展的活力，使圭峰山风景区成为极富地方特色的风景名胜区。

基本原则：①全面保护和修复风景名胜区内的自然景观和人文景观，充分发扬风景名胜区的固有特色；②在全面生态保护的基础上，根据总体规划，积极开发建设新的景区、景点，扩大容量，增强风景名胜区自身的活力；③有步骤、有计划地完善风景名胜区的游览观光娱乐体系及服务配套设施，使之成为一个以优良的自然环境为本，集观光游憩、度假和科普教育、体育健身为一体的综合性旅游胜地；④正确处理风景名胜区与新会市及江门市的关系，使风景名胜区与城市形成一个有机发展的整体，控制外围保护区的建筑容量和体量，慎重处理不同层次、不同要求的保护利用区域和建设开发用地，充分利用所处区域位置的优越性，扩大宣传，引进资金，以促进风景名胜区尽快发展。

（三）圭峰山风景名胜区总体规划

圭峰山风景名胜区总体规划包括两部分，一是基础资料汇编，二是总体规划说明书及规划图。

基础资料汇编是风景名胜规划的基础和依据。规划采用分类调查评析的方法，从自然景观资源、人文景观资源和社会经济条件等方面进行调查评析。在调查时应注意资料收集的可靠性、原始性，以视觉要素和景物形态为标准，并揉以人在风景审美评判中的主观感受作为评析的依据。同时，规划作出高程分析图，坡度分析图，坡向分析图，景观、景点评价图，通过相互叠加，得出最佳的功能布局和适宜集中开发建设的景区用地。

圭峰山风景名胜区总体规划确定了圭峰山风景名胜区的性质、范围、指导思想、基本原则、规划目标与分期，对旅游开发组织、专项设施、环境保护、森林绿化、实施管理以及近期建设的三个景区作了规划，对建设投资进行了估算。

圭峰山风景名胜区总体规划在以下几个方面作出了积极努力和大胆尝试。

第一，本规划把圭峰山风景名胜区当作新会市、江门市、杜阮镇、大泽镇这个近似环形的城市化区域的"绿化"或巨大的"中心花园"，通过该"绿化"和穿新会市而过的潭江、穿江门市而过的西江，优化该区域的生态环境，使城市（镇）与风景名胜区域成为相互融合共生的整体。为此，总体规划通过对自然地貌体系、市镇发展规划、市域界线、现有道路和规划道路的分析，确定了风景名胜区的范围。在风景名胜区范围以内，依法设人民政府，以政府行为实行风景名胜区全面的生态环境保护，彻底制止乱占土地、乱搞开发、蚕食风景名胜区的现象。

第二，本规划根据景观资源分布、自然地理条件和开发现状，将风景名胜区分为六个功能区：

1. 观光娱乐景区

这一功能区据其性质又可分为以下三种：

①观光游览景区：指风景名胜区内自然胜景和人文胜迹集中的主要游览性景区。如文化古迹比较集中的玉台寺景区、叱石寺景区，自然胜景比较集中的牵线过脉景区。

②观光游乐景区：指风景优美、环境条件独特、向游客提供与之配套的游憩场所和娱乐设施的景区。如石涧天然公园、绿护屏桃源度

假村。

③入口接待游乐景区：指在风景名胜区外围地带、和城市（镇）建成区密切相连、旅游服务设施集中的景区，这一景区可当作城市公园。如南面的玉湖春晓景区、东面的龙潭入口景区、北面的澜石风景度假城以及西面的五和大型游乐项目开发景区。

2. 生态保护区

风景名胜区内广阔的山林地带，这个区域杜绝人为破坏，使之成为风景名胜区生态系统自我调节的缓冲腹地。

3. 行政管理区

为方便风景区统一经营，便于管理开发，合理安排风景区职工的生活，特别划出行政管理区。

4. 旅游商品生产交易观光区

随着风景名胜区的开发建设，风景名胜区的产业结构将发生调整，设立专门集中的旅游商品生产交易观光区，有利于组织生产和旅游项目，解决居民职工的生活问题，同时便于集中建设，统一管理，防止对生态环境的破坏。

5. 农业生产观光区

在风景名胜区西部的五和农场、同和农场，现在仍是桑基鱼塘，一片田园风光，可保留此区域作为旅游的一个项目，同时也可作为风景名胜区综合开发的备用地。

6. 园林式墓园区

圭峰山上有些墓地，规划中集中划出一个区域，加强绿化，实现其景观化。

圭峰山风景名胜区的功能布局充分考虑其与区域城市的关系。依据区域交通规划，风景名胜区北面有鹤山市共和镇到中山市的高速公路，东面有一级公路和广珠铁路，并设有圭峰火车站，西南和南面都有一级公路，形成一个环形交通围绕整个风景名胜区。在这个交通一环线上的入口接待游乐景区，不仅是城市与风景名胜城区功能连接转换的纽带，也是风景名胜区游览道路的起点和终点。在风景名胜区内部，以东南到西北向的公路交通干线和东到东南向的公路交通干线联系主要景区、景点。风景名胜区行政管理区、旅游商品生产观光区也安排在风景名胜区用地边缘，依托城市。

第三，圭峰山自然风景资源破坏较严重，人文景观资源破损较大，景区景点的建设，应根据不同情况分别对待。总体规划中对人文胜迹、自然景观集中的玉台寺、牵线过脉、叱石寺景区进行全面保护和修复，充分发掘其固有特色，涵养水源，加强绿化。在这些景区，除了完善一些必要的观赏服务设施外，不搞额外的建设。

对于新的景区景点的建设，总体规划中根据其特有的环境特点，把握特色，确定旅游项目。比如利用绿护屏四周高、中间相对平坦的地形特点，开渠引水，形成湖、溪、潭、洞等各种不同形态的水体，利用红荔村、竹溪村、茶秀村、彩薇村四个风格各异的村落式度假服务设施和书院、茶室、渡口等小景点，造就一派世外桃源的风光，满足现代人回归自然、体验农耕生活的心理需求。入口接待游乐景区之一的龙潭泉区，通过在山中筑坝蓄水，在周围开发吃、住、娱乐、游赏、购物、运行等一系列"集锦"风格的建筑，配合缆车索道和龙潭飞瀑，形成一气呵成、渐入佳境的整体效果；云峰景区，利用一层层逐渐高起的山头，修建山门、亭、阁、寺等中国传统的宗教园林建筑，使之成为一个富有宗教文化特色的景区；石涧天然公园，在两列山脉之间的峡谷中，有山、有水、有石，环境优美，充满情趣，规划中保持原有地形地貌，对局部被破坏的山体进行整治，形成天然植物园、天然动物园，为都市人休闲放松、寻觅野趣提供一个好去处。

第四，本规划将新会市、江门市、鹤山市作为客源的集中点，通过入口接待游乐区（城市公园）进入风景名胜区。各景区、景点有完善的景区游览路线。利用公路、索道、扶梯等构成快速灵活的景区间交通联系，使整个风景名胜区的交通能够多样、迅速。

本规划的服务网点分三级，主要的服务设施集中在入口接待游乐区，由于这几个区分别靠近城市和城镇，服务设施均可直接为城市居民服务，同时，食宿于外而游乐于内的整体格局，也有利于风景名胜区的生态保护。

由上可知，新会市圭峰山风景名胜区景观资源丰富，地理位置独特，通过规划，力图使圭峰山风景名胜区逐渐成为集优越的自然生态环境、悠久的人文景观和丰富的旅游内容于一体的旅游胜地。同时，优化城市生态环境，促进和带动城市经济的发展。

六　风情文化与风景名胜规划

风景名胜区的开发与旅游开发紧密相关，旅游业将成为推动世界经济发展的重要行业。从当前国际旅游发展的趋势看，由于自然条件、社会因素和经济发展水平等的原因，世界的旅游重心从欧洲逐渐转移到了第三世界。特别是在近些年世界范围内"文化热"的影响下，人们更热衷于到那些历史悠久的国家去旅游，意于追求人类朴素的物质文明和精神文明，追溯文化根源。中国作为人类四大文明古国之一，无疑具有强大的吸引力。当前，文化旅游热有升温的趋势，风情旅游已成为国际旅游的热点，这源于人们回归自然、回归历史的心理。风情旅游能增加不同文化背景、不同语言的国家与民族的交流和人民之间的相互了解和友谊，加深人们对各种民族风情特质的认识和理解，从而促进各族文化的发展和经济的繁荣。风情文化在旅游业中占有独特的地位，风情文化的开发能极大地充实与丰富我国旅游文化的内涵。

（一）风情文化是风景名胜区开发的重点与灵魂

目前，世界各国在不断发展自然风光旅游事业的同时，亦正在深入发掘本国独特的风情资源，争相开辟各种内容丰富的风情旅游项目，以吸引现代社会中的各阶层游客，满足他们在精神上和物质上愉悦身心的各种需要。例如：建造在香港九龙荔园中的"宋城"，洋溢着浓郁的古风古情，大大增加了游客的兴致，并使他们在游览中了解宋代的历史风貌；美国首都华盛顿的国家历史和技术博物馆及加拿大的不利颠哥伦比亚省博物馆,在现代化的陈列馆内布置按历史分期的展览区,通过身着当年服饰的解说员陪同讲解与示范操作,向游客传达了文化历史知识和当时的市民风俗习惯;坐落在波士顿附近的普利茅垦殖园,以仿造当年"移民村"的方式,再现了三百多年前欧洲移民的生活、生产和风俗,被誉为北美的"活人博物馆";日本国际观光振兴会前些年推出"体验日本文化"的旅游项目,游客可参加一百种文娱活动,亲身体验茶道、书法、插花和歌舞伎等日本传统风俗。

显而易见,开发新颖独特的风情文化旅游项目将是吸引大量旅游者、发展旅游事业的一条有效途径。我国历史悠久,民族众多,文化灿烂,不仅有包罗万象的风景旅游资源,而且还有五彩缤纷的风情旅游资源,有风情的风景区更有吸引力。随着对外开放政策的实施、交通运输条件的改善、各地大众传播媒介的普及与旅游服务设施的发展,努力发掘丰富的风情旅游宝藏,不断开拓新的旅游领域,正日益为我国综合旅游事业的发展带来勃勃生机。旅游热点不再局限于繁华的名城古都,而指向了保留着独特古朴民族风情、传统礼俗风尚的边远地区。从单一、孤立型的自然风景区扩展至自然与人文景观融为一体的、内聚外联型的风景名胜区,从而多层次、全方位地展示了我国多民族文化的特色,吸引了越来越多的中外游客。此外,风情资源的开发,能延长一年中可供旅游的时间周期,能有效地提高风景名胜区的社会效益与经济效益。

(二)潕阳河风景名胜区的自然风景资源特点与风情资源优势

位于民族杂居地区的潕阳河风景名胜区是国务院 1988 年 57 号文件公布的黔东南州第一个国家重点风景名胜区。地处贵州省黔东南苗族、侗族自治州北部的黄平、施秉和镇远三县境内。距贵阳 200 ~ 290 公里,距凯里 75 公里。潕阳河发源于黔南州翁安县垛丁,流经贵州的黄平、施秉、镇远、岑巩、玉屏以及湖南的新晃、芷江、怀化，南折直下汇入沅江，全长350公里，流域面积4 700平方公里，61条支流，属于长江流域、沅江北源。潕阳河是史书记载的武陵源于五溪之一，也有一说为古牂牁江，古又称无水、无溪、潕水、镇阳江、镇南江、镇远河与无阳河等。由于潕阳河是中原和边疆传播交流文化和经济技术的主要通道，因而颇具名气。历史上曾有许多名人墨客到过潕阳河，红军长征也曾留下足迹。抗战时期属后方，有日军反战同盟、美斥资造机场留下大量美国人活动的痕迹，有悠久的历史和广泛的社会影响。此外，潕阳河流域自古是从湘楚通往缅甸、印度等地的必经之地，镇远素来有"滇楚锁钥，黔东门户"之称，史书有"欲据滇楚，必占镇远，欲通云贵，先守镇远"之说。明初就有儒、道、释三教并存于青龙洞，明清之交为东南亚国家来此传经拜佛之地。

潕阳河风景区的资源非常丰富。在我国自然风景资源的7大类、19个亚类中，潕阳河景区占4大类、10个亚类。其中4大类为：山岳风景、水域风景、森林风景、天气风景；其10个亚类为：喀斯特风景、峡谷风景、低山风景、江河风景、湖泊风景、瀑布风景、泉水风景（温泉、矿泉）、森林风景、竹林风景、天气风景。以潕阳河为主干的峡谷串包括铁溪、相见河、白水溪、小塘河、杉木河、黄州河与江凯河等7条流域，分布着各种水体景观，如瀑布跌水、岩溶泉洞、池潭平湖等，贯穿整个潕阳河风景区。位于河流两岸的峡谷山体则自成一系，如完整的云台山景区和黑冲景区，云台山一组的可游面积达200平方公里。由于潕阳河自成水系，基本保持原始面貌，因此秀、雄、奇、幽、素兼具，加上云景奇特的天象景观，构成了较丰富与较高水准的自然景观。

潕阳河风景区的景观类型除自然风景资源外，还有历史人文景观、历史文化名城、古城镇与独特的风情资源三大部分。在景区625平方公里范围内，有众多的摩崖石刻、古河纤道、宫观寺庙、古桥津渡；

景区东西两端有历史文化名城镇远、历史文化名镇旧州；其内还有国家级青龙洞古建筑群、古巷道群、寺庙古刹、府卫城垣、几千个民族村寨和绵延的古码头系列，在群山环抱、清水环绕的自然环境中，星罗棋布地交织成一幅绚丽的边陲景色，其五彩纷呈的民族风情独领风骚。

潕阳河风景区所在的三个县内，多为少数民族居住地，计有23个民族，占人口总数的46.6%，主要有汉、苗、侗以及少数布依、彝、土、景颇等民族。自古以来生息在潕阳河风景区域内的各族人民，在漫长的历史过程中创造、继承和发展了各自丰富多彩的民族文化，他们的衣、食、住、行、礼、乐也因此带有强烈的地方色彩、浓郁的民族气息和独特的内容形式。境内有保留民族特色的村寨3 000个，少数民族服饰达80余种，民族节目135种；仅潕阳河风景名胜区所在地的清水江风情区内每年的民族节日集会就多达82个，其中有36个参加人数逾万人，参加人次达几百万人次。

潕阳河流域的青山绿水养育了苗、侗、汉等各族（家）人民，勤劳的人民创造了与气象万千的大自然交相辉映、五彩缤纷的风情文化。

（1）种类繁多的民族节日集会

苗族、侗族、僮族都有许多规模巨大、影响广远、特色鲜明的民族传统节日集会。这些节日集会集中反映了各族人民的风俗习惯、娱乐游艺、性格气质、歌舞衣饰、宗教信仰、饮食起居、社交往来及道德风尚；形成了各民族共同的心理、文化素质；加强了民族团结，同时又造就了各个民族经久不衰的传统风情。这些节日集会按其性质来源、活动内容等又可分为不同的类型。如祭祀型：这类节日集会如僮家的龙角踩桥、牛王节；苗族的鼓社节、敬桥节；侗族的接龙节、祭祖母、祖母节等。纪念型：如各民族的端午节等。狂欢型和娱乐型：如玩龙灯、狮子会、踩青节、芦笙会、姐妹节、踩歌堂等。生产型：如开仓节、吃新节等。竞赛型：如龙船节、爬坡节、摔跤节、抢花炮等。集市型：如侗族的春社节、拜厦等。

（2）民风淳朴的礼仪之邦与好客之乡

苗、侗、僮各族（家）素以热情好客、讲究礼仪著称。客人进寨时，在寨门以牛角酒敬客，入席后唱歌、请客饮酒等风俗给游客的旅游生活增添了无穷的情趣，给他们留下了深刻难忘的印象，并体现了各民族待人接物的温文尔雅和感情境界中的诗情画意。

（3）依山傍水的民族村寨

苗、侗、僮各族（家）的村寨都以聚族而居、依山傍水为特色。村寨中巍然耸立的鼓楼别具一格，横跨溪流的花桥蔚为壮观；龙飞凤舞的寨门造型精巧，干栏式吊脚楼鳞次栉比。各民族（家）独特精湛的建筑艺术和审美观为其村景寨观增添了神奇迷人的色彩与气氛。

（4）原始朴素的宗教信仰

在征服与改造自然的漫长岁月中，各族（家）人民形成了自身的宗教信仰观，其中最为普遍的是祖先崇拜、神灵崇拜与天地崇拜等；最为突出的是龙凤文化特色，并在造型艺术、装饰艺术、服饰工艺等方面都有所体现；同时产生了许多含义深刻的民族节日集会活动，成为人类学、民族学、民俗学、原始宗教等方面研究的可贵资料。

（5）丰富多彩的民间文艺

丰富多彩的民间文艺在各族（家）人民的生活中占有极其重要的地位。其内容有浩如烟海的口头民间文学、潇洒奔放的民间舞蹈、悦耳动听的笙曲大歌和音质优美的民间乐器。这些别具风格的民间文艺的不同方式传递了该民族的生产、生活、迁徙、宗教信仰与风俗习惯等珍贵信息，表现了各族（家）人民充满激情的生活态度。

（6）五彩缤纷的民间工艺

潕阳河风景名胜区域内各民族（家）的民间工艺有着悠久的历史和自身的风格。其中古雅淳朴、图案生动的蜡染、织锦享誉中外；质地优良、五彩纷呈的挑花刺绣闻名遐迩；层次分明、形象逼真的银饰盛装光彩夺目；工艺精良、式样美观的竹编、藤编远销中外；以夸张变形为特征的泥哨等工艺品也深受中外游客喜爱。

（7）风味独具的民族食品

潕阳河风景区域内各民族（家）的著名风味食品有色味俱佳的"酸汤"、"腌鱼"，肉嫩味鲜的"茅草烤鱼"，清香可口的"侗族油菜"和历史悠久的"陈年道菜"等。苗、侗、僮族（家）人民素有以酒为礼、以酒为乐的风俗习惯，并形成了独特的饮酒礼数。他们常自酿村醪，以飨宾客，性格极为质朴豪爽。这些风俗习惯对于长期生活在现代社会中的各类游客颇具吸引力。

基于对地方特色的了解与认识，国家旅游局已把贵州划为民族风情旅游区。风情资源的开发与组织即成为景区开发的重点与灵魂，把自然风光的开发作为建设民族风情区的重要有机环节，则是本景区开发的实质性问题。

（三）潕阳河风景名胜区总体规划中的风情构思

潕阳河景区内风情旅游的特点主要表现在如下方面：

①潕阳河风景名胜区域内可供开展民族风情旅游的范围面广量大，活动内容种类繁多且形式不拘，可满足不同类型、层次的游客游览观光、体验异族风情、进行科学考察研究的各种需要。

②潕阳河风景名胜区域与邻近省的风景名胜区不仅有着地质构造方面的联系，而且有着历史文化方面的渊源关系，因此为今后开展联合型的风情文化旅游提供了良好的条件，这对进行纵横向的比较极具研究价值。

③中外游客对风情文化旅游怀有极其浓厚的兴趣。通过将风光旅游与风情旅游相结合的方式，使他们的旅游生活更加充满情趣，得到更高层次的满足。游客可参与各种民族节日集会活动及象征性的田园劳作以愉悦身心。

④民族节日集会种类多，不少典型的节日集会在不同时间内的不同地点举行，内容与形式大同小异，为游客提供了较大的游览灵活性和选择性。民族节日活动的季节性强，时间、地点比较固定，节日集会盛期多在农闲季节，恰与旅游旺季吻合，有利于旅游活动的开展和游程组织。节日集会分布在全年中的每一个月，这可使游客不受旅游季节的限制，有些规模盛大的节日集会，如赛龙船、爬坡节等同时在不同地点举行，避免了游客过多拥向一个场地的情况，有利于交通运输的组织和开展旅游服务。

⑤在目前旅游服务设施十分有限的情况下，可在大型节日集会地点和民族村寨中开放条件较好的民居接待游客，以作为节日集会期间的临时性接待点，可满足游客的猎奇心理和进行人文科学研究的需要。

据此，潕阳河景区总体规划的指导思想是：潕阳河风景名胜区的规划建设、旅游以及各方面的综合利用，其宗旨均应从属于国家级重点风景区的整体观念。目前自然环境保持完好、特色鲜明，这是风景区的生命；民族风情独具个性，这是风景区的灵魂，是吸引游客的主要原因。随着开发和建设，自然的和传统的景物如不严加保护，必然受到影响。因此，保护是开发的前提，规划首先应将各种可能的不利影响降到最低程度。进行综合开发，要考虑到开发旅游和发展当地经济的关系，一般景点和重要景点的关系，民族风情与风景区的关系，山区经济发展和一般生产以及旅游产品的关系；使各种关系能协调发展，让当地居民能从风景区的综合开发中获益。全方位开发需要建立统一的管理机制和在统一规划下的合理建设，以利于实质性的风情区的存在和发展。

潕阳河风景区的规划性质定义为：以潕阳河水系景观为纽带，以峡谷奇山、云景水色为神韵，与千古名城、苗侗风情相交织，供游赏体验、度假康复与科学文化考察等活动的国家级重点风景名胜区。

潕阳河风景区的规划特点为：孕育古今民族风情的潕阳河风景区，

以宽峡谷屿衍繁的水系，峭峰驼岭交融的山乳，苍山云海幻幽的气象和寨筑珍迹蓬生的古城构成我国又一特色风景区。

风情旅游规划范围以贵州东线旅游为主线，以黔东南苗族侗族自治州民族文化集地为主体，以潕阳河风景名胜区中心的区域为风情旅游的规划范围，其中包括：①中心区，以潕阳河风景名胜区为核心的清水江风景区；②主体区，凯里风情区、都柳江风情区。潕阳河景区的规划体系主要分五个系统，其关系见图1.6.1。

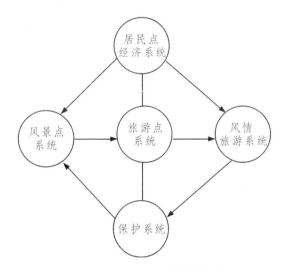

图1.6.1 潕阳河景区规划体系

风情旅游系统是以风景区风情层次体系具体表现的。本区概括了潕阳河的风情文化史，包含了潕阳河风景区中的22个民族风土寨、风情旅游村和参与田园作业村、10个民族博物馆、3个风情中心以及反映当地文化的碑廊。旅游系统分成大小两个循环圈。大循环圈包括凯里风情区的青曼村、翁项村、麻塘村、上郎德村与西江村，以及都柳江风情区的黎平、榕江、从江等10多个民族风情点。小循环圈包括福乐的城墙博物馆、重安江的铁索桥博物馆、飞云崖的民族节日博物馆、施秉的潕阳河航运博物馆、台江的针绣博物馆、凉伞的银匠村寨和镇远青龙洞的民族博物馆等 7 个博物馆寨，形成一个循环；另外有美女寨、乱洞溪、半坡田等参与田园作业村和五大风情中心、铁溪古代水力动力风情区、高碑民族服装交易场、镇远风味街、施秉风情服务街和石牛呢哨制作坊；风景区内苗侗的鼓楼和吊脚楼等点景建筑以及民族村寨式的旅游村，加强了镇远古城的民族建筑移置。

风情旅游的类型有：

①游赏观光型：这是一种面广人众的旅游类型。旅客可以参加民族节日活动、观赏购买民间工艺品、参观各类以民族文化专题展览为主的旅游活动等。此类型的特点是游程短，目标性强，游览点多。

②介入体验型：除上述旅游活动外，游客还可深入民族村寨体验民族风情和田间劳作，详细了解各民族的生产生活习惯和风俗民情。此类游客大多有较强的猎奇心理，旅游周期较长，旅游地点相对较固定。

③科学考察型：这是既有游赏观光又有介入体验的旅游，但属于目的性强、需要长时间深入考察的民族科学研究。进行此类旅游的限于国内外进行民族学、民俗学、历史学、宗教学、语言学、建筑学研究与从事艺术研究的有关人员。

所有风情旅游项目的开发均以充分展示风景名胜区域的民族文化风貌，标民族之异，立民族之新，增进各国、各族人民之间的相互了解为宗旨，遵循尊重、保护和强化民族文化特色的原则，不拘形式地将处于自然状态的民族风情资源加以有组织、有计划和有目的的提炼与发展。风情旅游开发项目分为风土村、田园村、旅游村、风情中心和博物馆五类。

①风土村：以某一民族为主体的本族聚居村寨，其建筑、风俗习尚等具有鲜明的民族文化特色，并素有举办独特的民族节日集会的传统，具有一定的接待规模和较便利的交通运输条件，可供游览参观和体验各族风情及日常生活生产习惯。

②田园村：村野交融的村落，游客可参与传统的农业耕作、果木园艺与饲养家禽等田园作业，进行民间原始机械操作表演，以满足来自现代社会的游客们回归自然的怀旧心理，并展示当地少数民族的原始生产状况。

③旅游村：以风光游览结合风情旅游的主要集散地，并结合当地的民族风情资源特点和地理环境特点，举办相应的旅游活动，发挥综合型旅游组织的功能。

④风情中心：向游客展示具有强烈民族气息的各少数民族的民间戏曲、歌舞艺术、造型艺术和艳丽多姿的民族服饰，品尝民族风味小吃的场所，以促进游客对民族民间艺术的了解，并丰富其旅游生活。

⑤博物馆：分专题建立、搜集、展示民族文化的有关资料和实物，并加以分类说明和详细介绍，以增进各国各族人民之间的文化交流。

为了充分利用与强化潕阳河风景名胜区域内的风景旅游资源和风情旅游资源，规划要求：

①建于潕阳河景区的各类建筑，尤其是风景点的点景建筑及其内外装饰，都应尽可能地吸收当地民族建筑，如鼓楼、花桥寨门与吊脚楼等及其装饰艺术的特征，或结合环境特点直接仿照鼓楼、风雨桥等民族建筑兴建点景建筑，以保护风情原貌。

②由于迁徙等种种复杂的历史原因，致使不少大型民族节日集会的传统举办地点远离风景名胜区且位于交通不便的民族聚居村寨。为改善旅游条件，便于游客参与各种节日集会活动，可按布局需要，在景区内的风土村、旅游村或风情中心，设立踩鼓场、芦笙场与鼓楼坪等，有组织地举行赛芦笙、踩歌堂和对歌等活动，或在潕阳河的某些区段组织赛龙舟等活动。

（四）潕阳河风景名胜区风情开发中的保护问题

1. 控制人口密度，防止环境恶化

潕阳河景区是一个以自然景观为主的风情区，部分高密度的居民点造成自然景观难以保存，并引起自然经济资源超载运转，如无有效措施将造成环境系统和经济的双重恶性循环。为此建议采取如下措施：

①控制外来人口流入。

②提高人口文化素质。

③采取适当的经济政策，调整居民结构。

④鼓励山区居民外移，加强景区的环境保护。

人口的调控分五种类型：

①发展型。位于景区外围，旅游基地有发展余地，如施秉。

②控制型。对可建范围进行限制，维护沿河景色，如镇远。

③缩小型。成群在山区活动的大部分居民，频繁的经济活动对景区造成威胁，宜减少居民量。

④搬迁型。因兴建水库或占据风景点迁出一部分居民。

⑤迁入型。有景无人处难以管理，应考虑迁入一部分居民。

2. 资源保护规划与风情文化的保护

由于开发较晚，潕阳河风景区的自然生态和环境仍保持原始自然的风貌，其中水源水质极佳，植被基本完好，山体基本未被破坏，民族文化也基本上保持了自己的独特风情，是环境极其优美的风情风景区。但自定为风景区后，境内不断出现在风景区进行劫掠性砍伐与狩猎的现象，特别是杉木河、黑冲、上潕阳和铁溪部分。由于当地财力有限，仓促购置噪音极大的游船，不但破坏了景区环境的幽静氛围，还严重影响了原有的鸳鸯群落与各种野生动物的生长环境。古城出现了闹市区内乱建房的现象，严重破坏了古城风貌。有些历史文化价值相当高的古迹（如旧州古迹），还没得到应有的保护。有一大批价值较高、造

型别致的景点古迹遭到破坏。景区缺乏统一的管理机构，民族风情的开发与保护难以开展。当地政府仍计划在风景区内建设有碍风景区的工矿企业。

为了杜绝和预防已出现和可能出现的破坏情况，规划制定了保护系统规则。在保护系统里将保护规划分成风景区保护、文物及名城保护、自然生态环境与风景资源保护和风情文化保护等几个部分。

理解民族风情文化的保护概念是做好风情文化保护规划的关键。民族风情的保护有别于一般景色与文物的保护，它涉及民族问题，包括尊重、发展、挖掘、移植与交流等内容。

潕阳河风景名胜区位于黔东南苗侗自治州，民族风情文化主要以苗侗为主。党的民族政策与民族事务所的工作，是民族风情文化得以保护的根本。随着现代化事业的发展和地区的对外开放，由于民族文化和世界文化存在差异，民族文化遇到了挑战，存在一些亟待解决的问题：

①怎样在新形势下对苗侗文化去其糟粕，令其精华发扬光大？

②风景名胜区域内，苗、侗、汉及其他民族文化的关系及保护层次如何？应如何体现？

③新形势下少数民族的心理阈限情况，如何更加开放？

④民族文化的保全与经济利益的开展是矛盾的还是互补的？

⑤民族文化的区域范围是扩展、收敛抑或是保持原状？

风情文化的保护被这些问题所困扰。根据对保护概念的认识，保护规则本身即是对这些问题进行尝试性的回答。

①组织并移置民族节日活动，即把民族节日活动移置到风景区内，在节日期间组织竞赛活动，地点在镇远、施秉、旧州、上下潕阳与云台山等地，以提高民族节日的知名度，增加游人的交流范围，达到经济、文化双收益。

②扩充和丰富民族博物馆的展示范围和内容，再现民间故事、民

间起义的情节和民族发展史等，以提升博物馆的吸引力并更富有宣传教育意义。

③研究与提升少数民族歌舞与少数民族服装的特色，在风景区内要重点体现，以扩大民族文化的影响，使风景区充满黔东南的独特风采。

④研究提升少数民族村寨布局与单体建筑的特色，使民族建筑文化形成独特的艺术体系。拟在景区外围或边缘兴建民族村寨、侗族鼓楼点景建筑和苗族吊脚楼式服务性建筑，使景区在风光和风情上均给人以深刻印象。

⑤研究民族工艺品的可能发展方向，挖掘民族文化宝藏，充分发挥少数民族的文化潜力，组织民族工艺品的生产。如民间工艺的收集与运用，加强地方特产的远销，积极引导民族工艺品走向国际市场，如泥哨、蜡银、服饰、饰染和装饰等。联合厂家进行工业化生产，把文化发展与经济发展结合起来，促进民族文化价值的飞跃。

⑥组织有游客参与的民族狂欢节，如龙舟节、芦笙会与斗牛节等，用以扩大民族节日集会的文化内涵，加强国际国内民间感情的交融，加强风情文化对游客的熏陶作用。古朴风尚的陶冶、稚拙艺术的魅力、华夏历史的启迪和民族团结的千古友谊等，促成了本地区民族文化的昌盛。

悠久的历史、众多的民族、奇异的风光与独特的风情文化孕育了我国蔚为壮观、各具特色的旅游文化的海洋，中国必将成为一个大的国际旅游市场。风情旅游的开发，将使我国的旅游特色更为多姿多彩，旅游文化将有更丰富的内涵，风景名胜区的总体质量将会更高。风情资源的开发与组织已成为风景名胜区开发的重点，这是一块有为的领域。

贵州属我国西南一个山区省份，是一个风景、风情荟萃之地，游览路线主要分东西两线。西线有三大国家级风景名胜区：黄果树、龙宫与织金洞，开发较早，现已基本配套且名声日高。而东线由于交通、资金与人才等因素制约，景区开发建设缓慢，起步晚，知名度低，且由于它处于国内旅游热点桂林、昆明、峨眉山和张家界风景区的中间地带，在我国西南地区目前尚处于落后地位，国内旅游者尚不多。但是，也正是这种腹地位置，一旦全面开发，其风景或风情同周围其他景区（包括省内外）相比，更具独特之处。因此，如何体现这种特点便成了规划的关键所在。东线风景区域主要指潕阳河风景区域，含长江流域的潕阳河和清水江，珠江流域的都柳江的分水岭处，地处两大江的支源头，水系发达，森林茂密，且地势自西向东急剧下降。海拔标高相差极大，外力作用与河流的长期切割，形成奇异的溶洞和大量的峡谷带。此区域依山傍水，逐而成为历史上南部古南越族的后裔逆江而上的侗族集聚点，以及北部顺源江而上集聚于清水江、潕阳河的北部"荆楚"后裔的苗族集聚点，形成了范围包括都柳江一线的侗族风情。雷公山凯里一带的民族风情及以潕阳河自然风光为主兼并清水江民族风情的广大地区，使得潕阳风光和多姿多彩的民族风情，成为贵州东线无与比拟的旅游特色。

潕阳河风景名胜区总体规划工作在当地政府的大力协助下，从1988年7月初开始至1989年3月结束。其中大部分时间是在现场调研，摸清了该地区风景资源的分布、特征、现状以及可供整顿开发的条件，并作出与其相应的容量分析，以此作为规划的依据。同年9、10月先后两次向当地政府作了汇报，听取修改意见，并组织地方人士两次考察景区，综合参考地方政府的修改意见而成。工作成果包括贵州东线潕阳河风景区域规划大纲、总体规划、各系统规划、各景区规划及规划说明等部分。成果已汇编成册，并于1990年10月通过了国家与贵州省共同组织的评审。

在调研和规划工作中，得到了贵州省建设厅的直接关怀和黔东南州城建局的密切配合，并得到省文化厅、省旅游局、省环保局、贵阳师范大学、州文化局、州旅游局、州展览馆、州档案馆、州民委以及镇远、施秉、黄平三县县委、政府、县建设局、县志办、县人大、县交通局、县水电局、县文化局、县旅游局、县区划办、县档案馆等许多党政机关、群众团体及个人的大力支持，特此致谢。

规划组人员：

负责人：刘管平（华南理工大学教授）

　　　　赵旭光（贵州省建设厅高级工程师）

组织者：何其林、姜文艺、鲍戈平（当时为华南理工大学研究生）

　　　　谢　纯、邹洪灿（华南理工大学讲师）

　　　　张　眉（黔东南州建设局主任工程师）

　　　　顾从炳（黔东南州建设局工程师）

　　　　赵忠信（贵州省地质矿产局工程师）

七 城市环境空间再生的探讨

城市需要发展就必然有个"再生"的概念，就如同绿色植物的杆、枝、叶等除旧再生。一般而言，城市发展有两种途径，一是新建，即另寻他处，在旁地寻求发展空间；二是在城市原址改造，挖掘城市发展余地。下面着重分析城市发展的第二种途径。

（一）概念释义

需要认识的是，改造并不等于环境再生，对于城市环境空间的改造，其结果有好有坏，均可以称之为改造。何为再生，我们可以简单地理解为改造"好"的。对于其"好"的评价，可以从"再生"的内涵去理解。在我们的生活当中，有许多城市改造的实例，这其中只有部分可称之为再生。

1. 城市环境空间再生的内涵

"再生"一词按照词义，通常被理解为对濒临消失或已经消失的历史遗存实施保存或复原。但是，城市环境空间再生探讨的不仅是对现状或过去的保存及复原，它更强调的是在正确把握未来变化的基础上，改善城市环境，创造可持续发展的人居环境，恢复或维持许多城市已经失去或正在失去的城市文明。这一理念当然与兴盛一时的"更新"、"再开发"有较大的区别，也不同于通常的"死后再生"的概念。

城市环境空间再生是在承接原有城市肌理和城市文脉的基础之上，得以创新的可持续发展的城市发展理念。广州于20世纪90年代掀起建高架桥热，在旧城区兴建高架桥以缓解城市交通压力，但是这却造成了城市景观的破坏和原有城市文化的割裂。譬如，人民路上新建高架桥后，人民路商业街的环境受到明显破坏，该商业街很快衰落下去，从十多年后的今天看来，这种改造显然不符合再生理念。

2. 城市环境空间再生的内容

城市环境空间再生概念包括多种空间层次，小到一幢城市旧建筑的改造再生，一条街巷的改造整治，一片旧区的重新整治，一片厂区的重新再生，大到城市一片区域的再生开发，甚至整个城市空间结构的调整等。

笔者曾在广州珠江沿岸一片旧厂区内发现了一间被改造后的仓库，改造后原来破旧的仓库绽放出迷人的魅力，成为掩映在苍翠绿荫之中的展厅，赋予了新内容的建筑与原有环境完美协调。

广州上下九步行街、北京路步行街挖掘了原有街巷文化，分阶段改造为步行街，承接了旧街的历史文脉。北京路更是将埋藏在地底的"千年古道"呈现在世人面前，街巷的历史风韵体现无余。

广州芳村区珠江沿岸原为广州市的工业仓储区，如今城市发展，部分地段的城市功能发生了变化。从鹤洞大桥至珠江前后航道交接区段，其工业仓储职能逐渐衰退，在城市发展中，这一区域被赋予了新的功能定位，休闲、娱乐的定位让这片工业旧区再度绽放光彩。再有，中山歧江公园是由原有旧船厂再生而成；人们熟知的上海新天地是由里弄发展成的新社区。

城市在发展中，随着社会变迁，其环境空间不可避免地出现一系列问题，我们经常体会到的有：城市功能置换导致环境空间的衰退；城市工业化发展，人行尺度被汽车尺度所代替，城市环境空间混乱；城市无序发展，城市功能混杂，引发城市人居环境空间的恶化，等等。城市要发展，就必须通过合理有效的途径解决这一系列问题。城市环境空间再生包含着丰富的内涵，这是一种合理有效的指导思想。

（二）案例简介

规划师和景观师的工作态度与工作觉悟无疑对于城市环境空间再生有不可或缺的影响，在接触每个项目时，正确理解城市环境空间再生，运用正确的观点指导我们的工作，是对自己、对职业、对城市的职责。以下介绍笔者在平时工作中对于城市环境空间再生观点的理解与实施的一个项目案例。

1．项目背景

佛山市禅城区河宕贝丘遗址，属新石器时代晚期土墩型的贝丘遗址，于20世纪60年代发现，70年代初对遗址局部进行挖掘，出土了大量文化遗物，证明河宕贝丘遗址是迄今发现的佛山市区人类活动最早的遗址，是佛山历史开端的证明。作为珠江三角洲贝丘文化典型，河宕贝丘遗址对研究石湾陶瓷历史和广东省原始居民的历史有着重要的科研价值，1989年被列为省级重点文物保护单位。

遗址总面积约为1万平方米，其文化层厚1米～2.2米，包含三个时代颇为丰富的文化遗存，出土文物的丰富性充分证明了几千年前佛山人就在这里生息、繁衍；鲜明的时代特征和地区特色，证明"千年陶都"的历史源远流长。目前遗址周边的城市面貌杂乱无序，遗址本身的保护、发展缺乏指引，面临危机。佛山市经过行政区划调整之后，城市发展面临新的契机，对于城市历史文化、城市景观环境、旅游发展提出了新的要求；河宕贝丘遗址的价值体现拥有良好机会，如何实现遗址的再生是项目的关键所在。

2．项目剖析

从城市环境空间再生理念入手，本规划项目尝试从多角度理解、分析项目本身。

（1）文化依托

城市空间是城市居民精神与文化的载体及空间表现，对于城市空间，不能简单地仅从物质形态方面理解为建筑形式，而应以人为本，满足城市多元化、多层次的社会、文化活动与交往的需求。同时，城市空间的构成应是多维度的，符合人的行为尺度，便于交流，宜于凝聚人气，富有活力。城市环境再生空间的主要目的是期待着城市不仅从物质的层面，还要从社会的或精神与文化的层面，成为引领时代的牵引力。

（2）空间归属

本项目最初甲方命名为"修建性详细规划"，但是其研究范围远远超出了简单的形体设计。项目涉及的对象——河宕贝丘遗址，它是省级文物保护单位，是"迄今发现的佛山市区人类活动最早的遗址，是佛山历史的开端的证明"，蕴含了深厚的文化意义。城市环境空间是一个无限扩展的概念，任何一个具体环境空间都是整体城市的一部分，城市环境再生空间势必要与周边环境结合，因此，探讨城市环境再生空间不仅要从自身出发，其根本还要实现局部与整体的协调，实现个体与整体的最大利益。

遗址是佛山历史文化的组成部分，但是分析其区位条件，可以发现遗址位于佛山市陶瓷文化的发源地，佛山陶瓷文化精髓代表地——石湾镇中心区边沿，这增加了它的历史文化责任，同时也为遗址规划找到了最佳空间归属，河宕贝丘遗址的发展之路必定与石湾文化、陶瓷文明联系。

（3）综合定位

城市空间往往具备多种属性，不同的属性承担着不同的功能，具备各自的要求，空间发展需要不同的目标。

河宕贝丘遗址，从外形上观察，遗址所在地仅仅为毫无特色的空地，但是由于它的其他属性："省级文物"，"珠江三角洲贝丘文化典型"等，遗址所要达到的目标将是多种属性的。因为是文物，按照规定和城市可持续发展的内涵，对遗址必须加以保护；同时由于它本身的价值，具有承担城市的旅游开发、文化展示的功能；最后，作为城市环境的一部分，提供休闲、交流空间是不可回避的。

本项目实际包含了对遗址文化保护、旅游开发、城市空间形体设计多方面的综合，把内在的神与外在的形结合思考，从而真正实现城市环境空间再生。

（三）遗址环境空间再生探讨

把握城市环境空间再生，必须全面理解项目的各种机遇与条件。

1. 区域地理位置

河宕贝丘遗址临近佛山市禅城区石湾中心区，石湾中心区是佛山旧时两个城市的发展核心之一，城市人文历史丰富，特别是它的陶瓷文明。河宕贝丘遗址东面距离禅城区南北干道——佛山大道约700米，北面距离禅城区东西干道——季华路约600米，西面距离佛山市著名

图1.7.1 河宕贝丘遗址区位分析图

旅游文化景点南风古灶约1 500米，遗址周边的历史人文资源比较丰富。从区位条件来看，遗址处在佛山陶瓷文化的精髓地段，与周边城市的主要道路距离适中，有条件得到更好的发展（图1.7.1）。

2. 城市环境得以改善——再生机遇

（1）遗址空间环境的现状

遗址周边城市面貌杂乱无序，遗址西面临近道路，有围墙加以保护，其余三面为陶瓷厂的仓库后墙，里面竖碑示意。遗址北面有河宕小学，西南面为新建的凤凰苑居住小区，其余周边多为陶瓷厂房、仓库，是佛山石湾地区典型陶瓷产业区厂区环境面貌。遗址周边交通、景观环境恶劣，杂乱无序，如图1.7.2所示。周边的城市面貌影响了遗址的发展，给遗址的保护带来了隐性危害。但是，遗址本身（文物保护单位界线范围内）保护完好。从外观看，遗址表现形式过于简单，没有能够发挥遗址本身的价值。遗址虽然有很高的历史文化价值，但

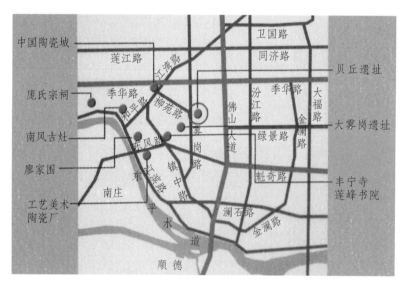

图1.7.2　遗址周边条件分析图

在公众中的影响力较弱，公众对其了解甚少，社会影响力小，没有得到应有的重视。贝丘遗址在其挖掘时期曾经引起轰动，也在 2001 年期间得到媒体与公众的关注，在贝丘命运抉择的今天和今后的长期发展中，河宕贝丘遗址无疑应当得到相应的重视。图 1.7.3、图 1.7.4 所示为遗址现状图，图 1.7.5 所示为遗址现状分析图。

图 1.7.3　遗址现状图（一）

图 1.7.4　遗址现状图（二）

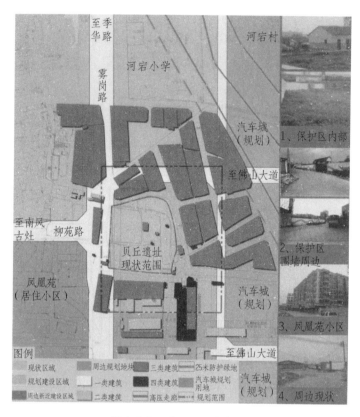

图 1.7.5　遗址现状分析图

（2）遗址空间环境再生机遇

从城市总体区域环境看，佛山市行政区划调整，为城市的建设发展带来了新的机遇；临近的石湾中心区面临产业结构调整，规划中旅游文化功能将成为中心区的一个重点内容，这些为贝丘遗址的发展奠定了良好的基础。

同时，从贝丘遗址周边城市物质环境分析，遗址西侧的城市规划道路——雾港路正在施工中。雾港路是红线宽度为 36 米的城市道路，建成后，遗址可以便捷地与北面的季华路、南面的绿景路相连，有力地改善了遗址的交通环境状况。遗址周边用地随着佛山国际汽车城规划的出台，将得到整合与调整，遗址周边的城市面貌也将得到彻底的更新。

（四）城市环境再生措施

对城市环境空间再生的具体落实，建立在项目的剖析、理解之上。贝丘遗址规划项目结合前面论述，确定了项目从遗址保护、遗址旅游文化开发以及遗址空间设计三个方面入手，确保城市环境空间再生的完善。

1. 遗址保护规划

整个遗址保护开发控制区总面积约为 3.5 万平方米，本轮规划将在此范围内进行修建性详细的规划设计。划定范围吻合《佛山市历史文化名城保护规划》所划定的"建设控制地带"。

（1）文物单位保护区

文物单位保护区为相对严格的保护范围。文物单位保护区内，任何可能破坏中下层文化层的构筑物、建筑物以及植物都禁止建造和种植。同时规定，对于文物已经挖掘的部分地点，允许在不损害未挖掘部分的前提下，进行和文化遗址相关的构筑物设置，如文物遗址复原展示、文化层断面展示的设置等。在绝对保护区界线地表，允许设置施工深度在中层文化层深度以上的座椅、雕塑、小品等，允许种植满足深度要求的植物。

（2）建设控制地带

建设控制地带综合考虑了具体的城市路网及周边规划建设现实，更利于遗址的保护开发，实现可持续发展。严格控制与古迹的景观要求、生存发展空间等有直接影响和联系的地带，此范围的任何建筑物、构筑物必须进行严格的规划设计，制定明确高度、色彩、形式、性质、体量等方面的要求，以免造成对文物古迹人为的破坏，同时预留出文物古迹所必需的通视视廊和最佳观赏点。

2. 遗址旅游文化开发

遗址的旅游文化发展扩展到遗址周边地带，北面以季华路为界，南面至东平水道，东面至佛山大道，西面延伸至南风古灶，进行总体的旅游文化研究。贝丘遗址的未来与周边区域的旅游文化息息相关，充分利用整体发展思路，将贝丘遗址融入文化旅游开发，并成为佛山市的文化旅游资源中陶瓷文化的一个重要环节。

具体开发上综合中国陶瓷城、南风古灶旅游文化区、石湾美术陶瓷厂、河宕贝丘遗址（含大雾港古遗址）陶瓷文化，构造集观光、学习、购物、休闲、互动于一体的陶瓷文明旅游大餐，建设特色专题陶瓷文化旅游线路。这条线路包含古今佛山陶瓷文化，让人们在旅游中感受陶瓷艺术的起源与发展。同时，遗址周边拥有众多文化旅游资源，不仅包括丰富的陶瓷文化资源，还有众多的民间祠堂、住宅、书院及寺院等，这些资源也可以纳入旅游范畴。

引入整体发展理念不但可以使之成为一个重要的旅游文化教育景点，搞活旅游文化经济，提升河宕贝丘遗址的历史文化影响力，而且更加符合保护开发策略，具备发展前景。

3. 遗址公园规划设计

遗址公园本身的方案规划设计不仅仅为形体设计，同时也承担了贝丘遗址文化内涵的诠释。遗址形体规划设计综合考虑基地功能、交通、景观及环境要素等，全新诠释贝丘遗址。设计范围包含了遗址的绝对保护区和严格控制区，总规模为3.5万平方米。遗址公园是历史文化遗迹，因此它承担着历史文化展示功能，遗址将得到保护；同时，遗址也是城市空间的一部分，在承担历史文化功能的同时，还不可避免地担负其他社会功能，因此必须开发。开发遗址不仅要考虑它的特殊性，还应当考虑其作为城市公园所担当的一般功能——为周边居民提供休闲娱乐场所，是城市绿地系统的一部分。遗址公园设计以开敞、放射为特色，使之融入整个城市空间。规划图如图 1.7.6 所示。

本方案考虑绝对保护区要求，将用地划分为三大功能分区：陶艺馆藏区、遗址广场片、休闲绿化带。陶艺馆藏区用于兴建博物馆，主要展示贝丘文化，包括陶瓷文化和古人类文化。陶艺馆藏区设计与整个遗址广场结合，同时具有一定的独立性。

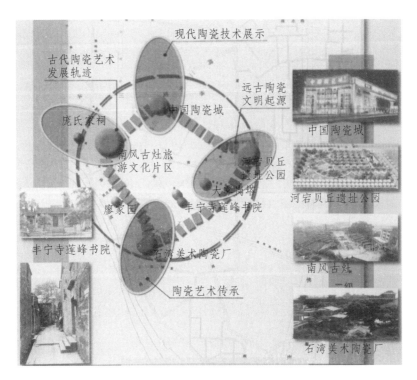

图 1.7.6 旅游文化发展规划图

遗址广场片位于基地中部，包含全部绝对保护区和周边部分用地，利用多种满足保护规划前提下的构筑物形式，主要展现贝丘遗址的历史文化特色，如雕塑、遗址部分场景还原、历史文化断面层实物展示等。依照贝丘遗址目前建设控制地带用地的现状，遗址广场片的用地区域大部分能够得到保障，将是分期实施的首要地段。

休闲绿化带位于基地南面和东面，呈 L 形。配合馆藏区与广场片，以开放的设计手法，塑造舒适宜人的休闲地带，提升遗址公园的亲和力，同时承担为周边居民提供休闲的功能。

河宕贝丘遗址规划研究依循城市环境空间持续发展的理念，承接和发展遗址文化观点，进行城市环境空间规划研究。同时，笔者将对城市环境空间再生观点的理解融入项目研究之中，是对城市环境空间再生观点的一次尝试。

八　风景名胜区和公园的规划设计

风景名胜区的规划设计课题，牵涉到如何理解风景，如何认识风景名胜区的作用，如何识别、评价和开发风景资源，以及如何对风景名胜区进行规划设计等诸项理论和实践的问题。

风景，是众所熟知的。如果惠州没有西湖，其风景就无从谈起，而西湖如果没有惠州百姓的开发，没有名人匠师的经营，没有当地乡土人情的滋润，也便风无姿景无情了。可见，风景不是自生自灭的概念，而是自然景物与人文风情相结合的产物。唐代柳宗元说得好："美不自美，得人而彰。"

理解风景，目的在于发现风景、开发风景，为我所用。古人对风景就有卓越的见解，视读万卷书、走万里路为乐事。明代朱濂《南岳记余四条》云："余自游岳归，身并于云，耳底于泉，月光于林，丰缁于碑，足练于墙，鼻慧于空香，而思虑冲于高深。"宋代王安石也说："古人之观于天地、虫鱼、鸟兽，往往有得，以其求思而无不在也。"（《游褒禅山记》）认为到风景区里去走走，不但可以陶冶性情、清新耳目，还能增体力、长见识，得到文化学识的熏陶，激人思发。

时至今日，急速发展的旅游业风行全球。统计表明：2 000 万人口的罗马尼亚，每年入境旅游人数达 250 万；3 600 万人口的西班牙，每年入境旅游人数竟达 4 000 万，超过了本国人口数。相比之下，我国入境旅游人数要少得多，但从发展速度看也是很可观的：1977 年 10 万，1978 年 50 万，1979 年 70 万，后两年与 1977 年相比，呈 5 倍、7 倍地增长，这对促进文化科学技术交流、增加国民经济收入均极其意义。

现在，许多国家为保持旅游业的持续发展，同时为保护人类环境的生态平衡，纷纷发展自然公园和自然保护区。据统计，拥有自然公园和自然保护区的面积，日本占国土总面积的 15%，西德占 10%，而我国仅占 0.16%。目前，我国不但比率小，而且现有园林被侵占、破坏的现象还没有真正杜绝。因此，继 1978 年鞍山会议后，在昆明会议上又进一步发出全国范围内保护和修复风景名胜区的呼吁。广东省在惠州西湖会议上还讨论通过了《风景区规划编制、审批暂行办法》和《关于加强广东省自然风景区建设管理工作的意见》，同时对惠州西湖风景区作出的三级保护线及其相应的规划设计进行了认真的评议，并给予明确的肯定，迈出了广东省风景建设可喜的一步。

事实表明，风景是个宝，是隐藏的财富，是无烟的工厂，甚至是各行各业共有的资源。譬如摄影家爱拍峰峦叠翠的美景，地质家乐于黄山奇石的考证，动物学家热心于稀有动物的保护，茶农善于在此培育单宁含量高的云雾山茶，音乐家常来借景谱曲，诗人惯于触景成诗，工业家来寻水力探矿源，方丈讲究风水兴寺筑庙，造园家、旅游家更是见风景而奔……然而，不能因此而各自为之，做出有失大体、伤天害理之事，这就责成我们园林工作者要善于从以满足人们旅游需要为主要目的的角度去发掘风景资源，对其作出正确评价并予以妥善的开发。

人有个性，讲人格；山水有特性，讲风格。古人对风景的发掘极注重自然景物的特征，俗语云："泰山看山，曲阜看古，西湖看景"，各取其长。我国的名山风景区均以明显的自然特征取胜，譬如：泰山天下雄（五岳之首，誉称"稳于泰山"）、华山天下险（自古华山一条路，三面峭壁，唯北能登）、峨眉天下秀（山郁峰翠，峦岭若眉）、黄山天下奇（无石不松，无松不奇）、青城天下幽（丛山深谷，浓木参天）、洞庭天下旷（一碧万顷，上下天光），桂林更以山清、水秀、峰奇、洞巧赢得"桂林山水甲天下"的盛誉。广东省峦岭逶迤，江河交错，浩海濒临，四季若春，更待人们去发掘。

古语云："文因景成，景借文传。""文"就是人的因素在起作用。元代王浑说："山以贤称，境缘人胜。"（《游东山记》）宋代范成大说得更明白："山水藉文章以显，文章亦凭山水以传……千岩竞秀，九壑争流，若无骚人墨客，登放其间携警人句，搔首问青天，则终南太华等顽石耳。"（《天下名山游记》）绍兴兰亭因王羲之《兰亭集序》而名；苏州寒山寺因唐时张继诗句"姑苏城外寒山寺，夜半钟声到客船"而盛；岳阳楼因宋代范仲淹《岳阳楼记》所誉；而"飞流直下三千尺，疑是银河落九天"的李白绝句，将庐山开先瀑布描述得形神兼备，称著古今。可见，抓住人文特色是发掘风景资源的另一重要方面。

湖北武当山不但佛圣名扬，且因筑有我国现存最大的铜质金顶殿而添光增色；福建武夷山不但山貌风雅，其河崖峭壁的天然洞穴中最近还发现藏有春秋时物的崖墓，来人无不争识墓洞离地 300 米的船形棺；浙江雁荡山不但景色迷人，添上当地山民在天柱峰与旗顶峰间 250 米高的凌空飞渡表演，更使游客赞不绝口。其余像云南石林萨尼族的风情、泰山麓的庙会、杭州的灯市、广州的花市、汨罗河的龙舟、哈尔滨的冰雕等，均大为风景增色。此外，民间传说、神话、掌故之类，有高尚情操的人文品题者，亦助游兴，使景趣活而高雅。

譬如肇庆的青天台（它在"古端名郡"城楼右侧），相传包公于北宋康定元年到端州（即今肇庆）任知郡事时，碰到一桩这样的案子：一位老砚工雕了一块活灵活现的"丹凤朝阳"砚（端州的端砚，古今均很有名气），当地有位老爷看了垂涎三尺，愿以黄金十两买下，砚工拒不从，老爷恼羞成怒，竟仗势诬砚工偷砚，逮砚工入狱，砚工妻不服，向包大人鸣冤，包拯听了火冒三丈，即传审双方，老爷仍咬定砚工窃砚，并谎报此砚为家丁陈四所雕，包即传陈四过堂，令与砚工即堂各雕一凤，砚工瞬间雕成与砚同形之凤，陈四却雕成鸦类，于是真相大白，包公即判砚工无罪释放，老爷诬陷好人，重判十年苦役，"丹凤朝阳"物归原主，博得满城百姓称颂不绝，从此，端州百姓将包公的审案台称为"青天台"。这个传说不但把铁面无私的包公形象化，也把肇庆风景的历史价值烘托得更高。其余像石林的阿诗玛、大理的望夫云、广州的五羊仙、惠州的苏堤等很有教益的神话、传说，均使景区增色生辉。这里不由想起唐代刘禹锡的一句名言："山不在高，有仙则名；水不在深，有龙则灵。"（《陋室铭》）

上述表明，发现风景主要靠景物特征与人文风情，至于这个或那个风景能否开发，这就提出了风景资源的评价标准问题。它关系到天然山水的景观效果、文物古迹的历史价值、四季气候的适宜程度、周围环境的保护状况、可能容纳的旅游规模、交通设施的方便程度，以及服务设施、供应能力和建设力量诸方面的因素。珠穆朗玛峰最高，名气够大的了，但目前条件下只能是登山运动员和探险家的去处。

笔者曾应邀到过云南大理（图1.8.1）和石林（图1.8.2），那里不但景色美、名胜多，而且处处洋溢着白族和彝族等少数民族的浓厚风情，令人流连难舍。但此地由于交通和设施未齐备，旅游量还是很小的。

图1.8.1 云南大理

图 1.8.2　云南石林

惠州西湖可不一样，地处国外游客入境前沿，交通便捷，四季开放，群山叠翠，水光接天，自然景色异常优美，有"大中国西湖三十六，惟惠州足并杭州"之说。同时，记载表明，自东汉末僧文简在西湖设伏虎台（见《开元寺记》）始，历代名人与民众共枕湖山，其中有隋朝居论大师弟子僧智光，曾任唐武后宰相的张锡（武城人，今陕西华东县），曾任唐代宗兵部尚书的牛僧儒（安定人，今甘肃灵台），曾任唐僖宗撰拟诰敕的起居舍人张昭远（惠州人），北宋大文豪苏东坡，明代哲学家王阳明，清代与唐伯虎齐名的祝允明（又名祝枝山，字希哲，长洲人）和岭南书法名家宋湘，近代民族英雄刘永福，革命家廖仲恺、周恩来等，足迹遍西湖，文物照千秋，成为不可多得的岭南古典园林并驰名海内外。可惜，历经兵燹破败，加上十年动乱，山头被占，湖遭蚕食，鹅岭也支离破碎了，昭昭名胜留存无几，真有旧时望湖兴叹、今日望湖哀叹之感。可喜的是，当地园林部门积极拯救，省市城建领导今日又倍加重视，迎来了规划建设重又生辉的先兆。

关于风景名胜区的规划建设，宋代欧阳修曾说过一句话："醉翁之意不在酒，在乎山水之间也。"（《醉翁亭记》）唐代白居易也说："天与我时，地与我所。"（《庐山草堂记》）这些深有哲理的话说明古人对风景建设很讲究顺乎自然，适时宜地。今天的风景建设，成功者亦多以"顺其自然风貌，保其文物古迹，点其景，便其游，功利兼收"取胜。黄山很诱人，因为黄山有自然美，雨天去，腾云驾雾般更感奇趣，登山再劳累也心甘情愿，"我看黄山多雄伟，黄山看我多狼狈。"就是一身"狼狈"相也照样往上登，你看，顺其自然风貌的风景多有魅力。

因此，在规划设计时要尽量避免人工的痕迹，要处理好建筑与园林的关系，要善于根据景区的特点去设景立题。

在这个问题上，我国古典园林和风景名胜区中有许多优秀范例。譬如杭州西湖十景中就有四景是按春夏秋冬四季景象做出的：苏堤春晓、曲院风荷、平湖秋月、断桥残雪，若不顺应时节去观赏是领略不到其中的奥趣的。惠州西湖另具一格，用"丰湖渔唱"、"半径归樵"、"鹤峰返照"、"黄塘晚钟"去体现浓厚的民间气息和深刻的社会含义。在具体的技艺上，即使同在"秀"字上做文章，也有不同的处理：峨眉雄秀、西湖娇秀、桂林奇秀、星湖俊秀、富春江锦绣、武夷山清秀，各有各的风格。

另一个问题是，风景区里有许多景点，要善于做到"处处有景，步移景异"，如果规划出来的东西，千景一色、千人一面，那就失去了旅游价值。

因此，选景首先要有主题。泰山其实并不太高，但在平原上突屹而起，望东海日出十分壮观，故将其山顶命为日观峰，结果来泰山的游客，一般都涌上峰顶去了。云南石林，自《阿诗玛》电影问世后，国内游客逢来此必奔该景。苏东坡在惠州西湖贬谪三年，影响深远，远自日本的游客，都径自瞻仰东坡井。

就是选山景也要仔细琢磨。苏轼有首诗："横看成岭侧成峰，远近高低各不同，不识庐山真面目，只缘身在此山中。"

惠州西湖环山带水，许多山景在雨天、雨后更富奇趣。据说雨天在百花洲看"榜岭春霖"最妙，雨后看隔江"象岭飞云"若画飘仙，因此，百花洲的规划就不能只着眼于洲上的花卉，还要开辟远眺之地。如果在风景区里有珍品、奇景作点，则景区将更具吸引力。譬如峨眉山金顶有"宝光"奇观，宋代范成大在《游峨眉山》中云："俯视岩腹，有大圆光偃卧平云之上，外晕三重，每重有青、黄、红、绿之色，光之正中，虚明凝湛，观者各自形现于虚明之处，毫厘无隐，一如对镜。"据说广东省梅县、大埔交界的阴那山亦有此高山气象。又如云南路南县有个奇风洞，洞口宽 60 厘米许，每隔 20 分钟就有一阵风从里吹出，可将草帽吹起 3 米高。其余像广西的岩洞、大理的玉带云、庐山的飞来石以及暗流、海潮、稀有动植物、名贵古迹等均系设景之特例。

广东省珠海市旅游中心，利用海石景，办起民间风味餐室，门口写了一副对联："呼朋攀石景，把酒论功夫。"虽然舍简饰素，却风雅意浓，为游客挂齿称绝。这个例子给我们一个启发，就是要使建筑融汇于景而不自拔。明代袁中道《名岳记》中说过："大都自然胜者，穷于点缀。人工亟者，损其天趣。"清代袁枚对广东省峡山飞泉亭评价很好，他在《峡江寺飞泉亭记》中有一段这样的描述："天台之瀑，离寺百步，雁宕瀑旁无寺；他若匡庐、若罗浮，若青田之石门，瀑未尝不奇，而游者皆暴日中，踞危崖，不得从容以观，如倾盖交，虽欢易别。唯粤东峡山，高不过里许，而磴级纡曲，古松张覆，骄阳不炙……登山大半，飞瀑雷震，从空而下。瀑旁有室，即飞泉亭也。纵横丈余，八窗明净，闭窗瀑闻，开窗瀑至，人可坐可卧，可箕踞，可偃仰，可放笔砚，可论茗置饮，以人之逸，待水之劳，取九天银河置几席间作玩。当时建此亭者其仙乎！"这里说明了有景若无赏景的建筑是"虽欢易别"的，若配以合宜建筑，便可以"以人之逸，待水之劳，取九天银河置几席间作玩"。可见，建筑与风景的关系是很密切的，如能灵活运用"闭门一寒流，举手成山手"的造园法，则易于取得较好的效果。

建筑的形式，以在风景区里取当地民居格调为好，如普陀山建筑取浙东民居，五台山建筑取山西民居，峨眉山建筑取川中民居，九华山建筑取皖南民居等，都获得了与景协调的效果。

值得提醒的是，现在还不断出现"旅游"与风景"打架"的现象，有些单位想多收几块钱，一味将旅游建筑往景区塞，摆出一条街与群峰争列，筑座大宾馆与景山比高低，这样下去务必出现：宾馆建好了，风景吃掉了，游客也不来恭维了。这种舍本取末的蠢事还是不做为好。

关于公园的规划设计，目前有三个问题值得探讨。

1. 公园的个性问题

公园是供人们游憩的场所，各城市多少都搞了一些，国外的公园已经发展到与自然风景区融成一体的境地了。公园发展了，就不能千园一式，不能全是大门一条路，两边种花圃，小卖部，摄影部……广州有 18 个公园，如果都是一个模样，逛一个公园就等于走遍了全广州，这样公园的功效和价值失落不浅。如果各园自有强者，譬如人们可以从越秀公园赏花，晓港公园认竹，珠江公园观鱼，东湖公园戏水，烈士陵园咏松，海幢公园论古，儿童公园话鸟，麓湖公园狩猎，荔湾公园植荔，人民公园艺棋，流花公园赏月，兰圃议兰，西苑盆栽，文化公园科技文艺作乐，不但各有特色，还能自然地调剂全市公园的容量，外地人来游赏也觉得很值。

2. 公园的地方性问题

公园与当地居民生活密切相关，没有地方色彩会使人有走错家门的感觉，因此建筑要有地方的风格，配植要立足于乡土花木，广州的公园有许多好经验，但不能因此照搬到北方去。哈尔滨气候寒冷，过去冬天没有人逛公园，近几年冬季在公园里搞冰灯、冰雕，一反往常，冬季入园票额比往常还多，这样充分发挥地方性能，其效果是显而易见的。

3. 公园的新内容问题

全国现在都在搞四化，公园建设如何配合，有人提出了建"科学公园"的课题，如天文、地理、航海、基础科学等，能否利用园林中可能体现的形象、办法去丰富公园设施，更新公园内容，使人们从中取得新教益，如在山景中开辟探矿游戏，水景中安排水下探险游戏，动植物也可想些办法来引起青少年的科技兴趣等。其实，利用科技造园不是今天才有的，北京天坛回音壁、人工塑造四季园景的扬州个园、龙门石窟、大足石刻以及动植物艺展等，说明我国古代就擅长于运用技艺，如能进一步发扬传统技艺，吸收世界上现代公园的新设备（如飞车、缆车、人工海涛、天然动植物园等），新式公园是有无限前景的。

第二部分 庭园

一 岭南古典庭园

岭南庭园的出现，可以追溯到东汉以前。从近年广东出土的两汉建筑陶器可以看出，那时的居室与庭院已有不解之缘，如广州东山象栏岗出土的陶屋，底层平面呈"H"形状，中间为厅，四角为室，厅前后为院，那时，后室和后院有墙洞相通，可能是作圈栏养畜用的。其他陶屋的院子，有的位后呈"凵"形，有的居中，两旁为室，成川巷，也有的底层作圈栏，二层天台作院。这些形式在今天的民居中仍可觅见，这说明用院子作为居室通风换气、采光交通和利用周围居室阴影，促成院子降温环境的做法，岭南祖先老早就采用了，这对地处亚热带、日照时间长、热辐射强的岭南，是个改善建筑环境的好办法。尔后，逐渐形成了具有前庭后院、进深多房并间以小院的单开间民居（粤中的"竹筒屋"、潮汕的"竹竿厝"）；双开间的"明字屋"（粤中）、"单佩剑"（潮汕），三开间的"三间两廊"（粤中）、"爬狮"（潮汕）、"门楼屋"（客家），以至纵横发展成"双堂屋"、"三座落"、"四点金"、"四角楼"、"围垄"等民居形式。这些民居大部分都坐北朝南，前置水池（或溪流），后倚山岭，利用水塘组织排水、浇菜育鱼、洗灌和调节气温。各座不但有前庭后院，其中还多有各式院子

114

（内院、侧院、小院、夹院、天井、通天等）组合各厅堂斋室、厨厕圈所。各座之间间距甚小，组成巷道，日间巷旁两屋山墙相互掩映，夏季主导之南、东南风，顺堂顺巷而贯，衍成炎热季节有效改善气温的"冷巷"和"穿堂风"。这与北方民居中置大院四方围闭御寒的四合院是很不一样的。至于临水居山者，有的悬挑支吊，有的顺坡跌级、顺势围拢或沿坡披棱而盖，极具南国特色的轻盈畅朗格调。

现存的岭南古典庭园表明，当民居各室和主要庭院一旦得到扩展，而且扩展到使起居环境更为舒适和充实的程度，岭南庭园即应运而生。那得天独厚的地理、自然、气候和对外交往的有利条件，使它在适应的基础上处置得异常灵活，其沿古顺今、因外而内的随意自然习性同样呈现得淋漓尽致。

庭园，是以建筑空间为主的造园，其含义在岭南庭园中体现得格外贴切。厅堂、居室、书斋以及其他辅助用房是庭中主体，它们的组合不像北方庭园、江南庭园在园林中那种散放格局，几乎均为有韵地接踵而成。外墙少了，室外暴晒的热辐射可获消减，亦有利于防御台风的袭击，也能减少雨季时内部联系之不便，在民居的传统基础上演成"联房博厦"式。一旦两幢之间需要带形联系时，也不轻易取空廊形式，而以"冷巷"、桥廊之法处之。譬如，清代同治年间建造的广东番禺南村余荫山房（图2.1.1），前庭与内庭之间屋屋相叠，其联系不以廊，竟设冷巷处之，巷无顶，两侧墙内外可育卉植竹，风来芳随，日出荫遮，很有一番清凉意。内庭以水为题，使不大的庭域意扩平远。庭之南北两方建筑（临池别馆、深柳堂）亦不取普通廊道，启用跨水桥廊作连接，疏出另一回形水系，在岸旁杉针、柳絮、时花的掩映下，构出庭中有趣层次。正如该园主题对联上所云："余地三弓红雨足，荫天一角绿云深。"哪怕是小小的"三弓"之地，仍可绿深如云、落英缤纷，诱出宜人景致。可见，规模均小的岭南庭园，并不拘泥于某种固定程式，而善于将建筑和院落调整到适而宜的布局。

图 2.1.1　余荫山房

　　为改善庭内环境质量，在建筑物结合水型处理上，岭南喜用"船厅"和"壁潭"二法。

　　所谓船厅，不是我国园林中传统的"舫"，也非通常的水榭，实际上是个跨（临）水面的厅堂，多作会客、觞咏用。水从地下（或旁侧）过，使室内既可降温又能亲水赏景，成为庭中异常洒脱的布局。

如清末时建的广东番禺瑜园（图2.1.2），在小小的地盘上兴楼设院，由于前后无地施展，楼下中置船厅，前设内庭，旁以内院与正厅连接，两侧小院配以厨房、偏厅。其船厅前的内庭、拱桥正对，水贯全庭，虽仅厅半大小面积，但自船厅望出，俨若深舟出航，一展无前之慨，寓意颇深。船厅的做法在其他古典庭园里也有，如群星草堂、清琅园等。清琅园的船厅仿珠江上的紫洞艇，以楼阁形式出现，尤为突出。此后，船厅用于酒家茶楼庭园的不少，甚至缺水的山区也启用，如南海西樵山白云洞在临崖处所建的船厅，题匾为"一棹入云深"，寓船于云海，饶有风趣。现代的别墅、宾馆、旅游建筑庭园等也多效仿，以充分发挥水景对建筑的效能。

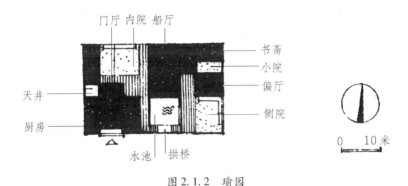

图2.1.2 瑜园

庭园利用水局生成适宜小气候的另一方法是在小小池旁廊榭依庭围设，石山崖壁悬险而立，构出幽森阴清的壁潭景。如清末时建的广东潮阳西园（图2.1.3），狭扁的后院廊庑沿庭而筑，海礁石山照屋壁峭而叠，形成山屋掩映相峙的临下阴潭，其岩洞还在水下设水晶宫，不但夏日生津，还可窥赏飞流溅潭、赤鱼遨舞之奇景，这种为造就庭内适宜气候，构出如此庭园效果的做法，在我国造园史上也是不多见的。

从整体布局上适应南方气候并善于造景的做法，可从清晖园（图

图 2.1.3　西园"潭影"

2.1.4）里见识到。

　　清晖园在广东顺德，位于大良镇华盖里，始建于明末天启辛酉年（公元1621年），原系明末大学士黄士俊花园。清乾隆年间，黄家破落，当地龙氏碧鉴海支系二十一世龙云麓买下此园，后因龙家子弟分家，该园一分为三——广大园、清晖园、楚芗园，其子龙廷槐经营中间较大的清晖园。嘉庆年间，园中重建。至廷槐孙龙诸慧时，成为定局。该园幅员五亩许，坐北向南偏西，状成稍长梯形，中部略高。由南而北全园大致分成三区：前区满铺水面，边设亭榭，入口偏旁，构出空明旷朗的前庭水景；中部厅敞栏疏、径畅台净、浓荫匝地，形成即步可吟的内庭胜景；后座楼屋鳞毗、巷院兼通，写尽凤城宅院情境。

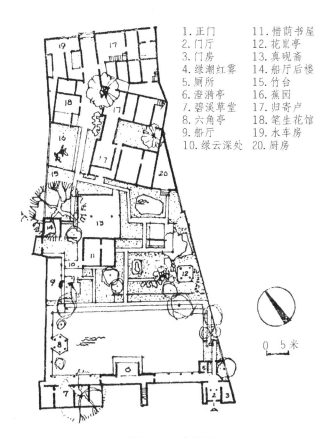

1.正门　　　 11.惜荫书屋
2.门厅　　　 12.花岚亭
3.门房　　　 13.真砚斋
4.绿潮红雾　 14.船厅后楼
5.厕所　　　 15.竹台
6.澄漪亭　　 16.蕉园
7.碧溪草堂　 17.归寄庐
8.六角亭　　 18.笔生花馆
9.船厅　　　 19.水车房
10.绿云深处　 20.厨房

0　5米

图 2.1.4　清晖园

整园顺着夏季主导风的方向，庭中由空经疏而密，筑屋顺前就后，由低而高，形成景不阻、住不暑，较宜于起居游赏的良好环境。

在具体处理上，其畅朗的前庭空间，以入口作伏笔，在七丈不足的门道里，用形状、明暗、虚实不同的空间过渡，迎来"绿潮红雾"（按：进入内庭月门上的题匾名）胜景。而静静的荷池对岸，六角水亭和水榭式的澄漪亭在率直联廊的贯穿中，引出欲藏欲露的碧溪草堂，它那精工雕琢的洞罩、满刻寿文的格扇和"轻烟挹露"的砖雕，使人感到庭畅景静，静中有细观近赏之物，颇有雅兴。其内庭置有花岚亭、

119

惜荫书屋和临池的船厅，亭"岚"在花丛荫林里，厅堂屋舍退开一步，立于迎风面的庭角中，既可览庭间花木，又能在宴客厅书屋内清享荷风，好一番景配。侧庭在"绿云深处"，正是真砚斋的读书好去处。后座的归寄卢建筑群与笔生花馆以一巷相隔，蕉园宅院间插其中，暑天出来，自有习习荫润和风，正如巷头的紫苑门背"竹苑"对联所云："风过有声皆花韵，月明无处不花香。"在岭南如此依人适地作安排，确符清雅晖盈之称。

我国造园的自由布局特色，举世皆誉。从上述园例看，岭南造园布局也绳"自由"之宗。但从细视之，它没受皇家苑法的圈制，也没有江南私园那样严谨的章法，从适应出发，它往往具有较明显的随意性，使庭园更富有民间气息。这点，在广东东莞可园（图2.1.5）表露得很明白。

清末官员张敬修，中年去戎回乡东莞，在博厦买了一块不规则的巫氏宅地建园，请了岭南画派的创始人居巢、居廉兄弟俩及两广文墨名家作智囊。"水流云自返"，他认为叶落归根，回老家是自然常态，兴屋造园不必矫揉造作，"适意偶成筑"，惬意即可。连园称都不取高华之噪，以"可"称园。从进园处理始，就立意破格，入门不立壁照堂，竟以吃荔枝用的"擘红小榭"作兴。偏房不名偏室，却以"草草草堂"表戎马生涯之念。他认为"居不幽者，志不广；览不远者，怀不畅"，可是其"幽"字不写在密林崖壁里，却以"开径不三上，作回旋之折"的花之径、"长廊引疏阑，一折一殊赏"的"碧环廊"、"小桥如野航、恰受人三两"的曲池小桥和"天然老圃花为壁，妆点秋光傲春色"的兰台来抒怀幽景。为能览远畅怀，立高达四层的邀山阁，使"凡远近诸山"、"江岛江帆"，"莫不奔赴烟树出没中"，获得"荡胸溟勃远，拍手群山迎"，"万物皆备于我"的景效。即使是两层高的可堂，也要形成"新堂成负廊，水计恰幽编"的处境，把沿庭组成的1楼、5亭、19厅、15房的建筑物，高低错落在可园中，勾勒出岭南

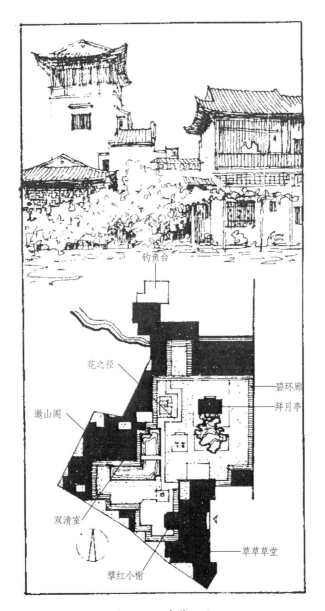

图 2.1.5 东莞可园

特有的洒脱风采。

　　这种因意立构、由外而内的造园法，苏东坡在岭南时也喜循此法。譬如他在惠州定居，由于财疏，不可能在城内建起适意的房子，跑到城郊白鹤峰去建，主要想在"千岩之上"饱赏"海山浮动而出没，仙驭飞腾而往来"的胜景。就是在屋内，也要从外引来"江上西山半隐堤"，可以"卧看千帆落浅溪"。他斋前手植柏，竹荫借东家，把小小的鹤峰居室，寓梵宫催睡、碧溪飞桥、堤光潭寒、江月与话之意象，有若蓬岛瑶台仙一般的境界。至于像"几树垂杨、几缕桃花"的"近水人家"张园，以"虚亭四面春光入，爱遥峰像到檐芽"构思，获得"四围画山全览尽，一曲平湖水满坡"的效果；"归筑楼台半在湖"的叶氏泌园，以"留云"、"过帆"等为品题，做到"天中丝管常留客，屋里湖山欲憎僧"的风趣地步，在岭南是不乏其例的。

　　由于岭南庭园占地小，而建筑在园中的比重又往往较大，要取得"主人不出门，览尽天下景"的自然庭效，用一般的实地模拟手法是无地置容的，只能以必要的建筑手段，引庭外风光入室，方达志远怀畅。所以，岭南庭园那种因意立筑、由外而内之法是有缘故的。一旦在庭中摩山范水，亦多寓意与会，概貌相成。

　　譬如，岭南的叠山就很独特，分以壁型、峰型、孤散三式。壁型山，实际上是依附于建筑壁上的浮雕式叠山，只能在主要观赏方位上赏识，但它有效地利用庭域空间，做出建筑物立基于山崖峭壁之势，使这些建筑围成的空间自然化，收效不俗。所谓峰型山，是庭中自成一体的小小堆山，可以四面观赏，但由于庭院本身不大，无法逼真地自然模拟，且常常与亭台结合处置，构出所谓"风云际会"、"东坡夜游赤壁"、"狮子上楼台"等寓意山貌，赋以供人寻味的某种精神色彩，可园的叠山即属此类。孤散法是岭南由来已久的石谱，南汉时九品怪石于药州作景，二具在岸上，七品于水中，若兽若禽，欲行欲止，沉浮上下，错落相应，甚有情趣。坐落于佛山先锋古道内的古典庭园群星草堂内庭的"十二石斋"（图2.1.6），企卧有序，峰岭互应，构出散放石景之石庭特有布局，亦属此类。

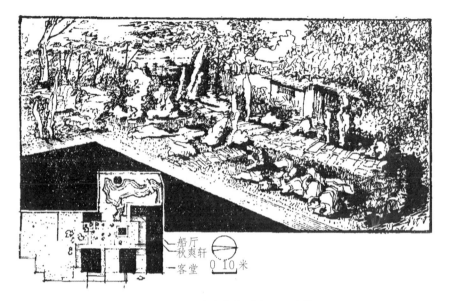

图2.1.6　群星草堂"十二石斋"

与叠山缘由相关连的理水，亦有其自身特色。从南汉药州遗迹留下的池型至现存较完善的岭南古典庭园的池型看，一般不用自然式池型水面，而喜用较规则的曲池、方池，甚至若仿西洋的回形水面等，这与庭院不大难模仿真山水是有直接关系的。规则式造园是西洋古典造园的特色，但不能说带规则式特性的水池都来自西洋，敦煌壁画中唐302石窟荷池就是方形的，现存实例中我国古典庭园里的方形水池亦不少见。岭南庭园多习用此式水池，无非出自小庭院，在传统基础上善于吸收外来因素而已。这一点，不但反映在水池上，其他方面也或多或少地有所表露，如清晖园的整个风格是传统岭南图式，但建筑局部也采用了西洋古典的东西，如罗马式的拱形门窗，巴洛克的柱头等，潮阳西园在壁山上还建了钢筋混凝土的西洋式园亭，不少古典庭园里使用了国外出产的彩色玻璃、釉面砖等。这些，在近代岭南民居中亦有所反映。可见，与海内外交往频繁的岭南人，为了适应不断增长的生活需求，兴屋建园是不拘泥于陈式旧格的，一有可能，只要是适用的东西，就大胆引用，那种"万物皆备于我"、古今中外皆为我所用的主张并非张敬修一人才有。要认识岭南园林的昨天、今天和明天，不注意到这点是很费解的。别说是宅园，就是神圣宗教的寺庙，岭南也有不寻常的处置，如福建南溙，以"佛楼一半现苍山，人莫因楼笑佛坚；一半世人住不得，故留一半在人间"的手法，做出佛堂半间楼的景致，几乎是仙凡同界了。这些演化离开了岭南社会是无法理解的。

由于受岭南工艺和岭南画派的影响，岭南园林建筑装修具有较明显的本土特色，加上装修常常辅助解决了室内空间的合理分隔、过渡、渗透和引伸，工艺使建筑的多种适应性能得到了充分发挥。

上述的庭院式连房博厦的荫凉措施，确能较好地适应岭南气候，但仍需辅以必要的装修手段去完善它，真正做到风能迎、雨可挡、热可减，如愿以偿。因而，普遍采用了花檐、挂落、洞罩、隔扇等做法，以细致纤巧、玲珑浮凸的通雕、拉花、钉凸和斗心工艺，使各个室内空间封而不闭、隔而不断，有的还可装可卸、能收能放，使室内空间能按朝夕季节的适应需要、依陈设使用的情况加以调整。有时还能利用其精美的罩形勾出惬意的观赏框景，以获得良好的空间过渡层次。这些工艺巨制，常常选择吉祥主题，把厅堂装点得丰淡有节、老少兼宜。如余荫山房深柳堂的"百鸟归巢"洞罩、清晖园船厅的"岭南百果"花罩、碧溪草堂的格扇上的96个形式不同的"寿"字门、真砚斋的八仙工具图槛板、可园的精秀花檐以及陈家祠的典雅挂落等，无不为人称道。这些木作，有的通雕见就，有的以斗心拼成，也有的拉花、钉凸成幅，亦有通板刻画而成的，该实则实，需漏则漏，是精美的工艺品，又是具有功能的实用品。

利用屏风、门格、窗扇、格心，套以彩色玻璃，并给以人物、山水、花鸟、禽鱼或古钱、彝鼎、书法等，构成绚丽明净的室内环境，是岭南装修的另一特色，予人一种清奇古雅的感受。白日透光而过，红橙色的有若丽日满堂，草绿色的有如榕荫匝地，靛蓝色的却似白雪封天，色、光、影的运用使室内增添不少情趣。可园有个"亚"字厅，全部窗棂铺地，挂落、天花均以亚字纹式构成，形若壶形。室外曲池清竹、室内雅士清茗，取人意双清意，名曰双清室，把装修纳入了室景命题，气氛自然相增。

灰塑、砖雕、石刻、陶饰，在建筑装修上也应用得很普遍，有的用来饰壁，有的用于铺地，有的用于柱础，有的用在过门、窗楣，有的用在脊饰、檐饰、基座、通花、靠坐、栏饰、台饰、月梁、雀替等，异常古朴典雅。像余荫山房壁上的灰塑画，以立体的山水风景图面来点缀园景，更有其乡土气息。潮州利用"贴窑"来装修，砌出各种花饰，在建筑运用上仍不失新意。其石湾陶饰的运用，已属古今皆循之道了。这些出自乡土的技艺，至今仍饮誉海内外，随着园林事业的发展，必然会焕发出更加绚丽的光彩。

二 庭园景观与意境表达

造园，不论是西洋古典造园法，还是我国传统造园法，均极注重园景，所谓"园以景胜"。

景，意指景象。用造园的方法塑造出来的景象，谓之园景。我国传统园景讲究诗情画意，在世界造园史上独具一格，享有很高的声誉。

庭园的园景简称"庭景"，在造园中自成一体。它既不同于资借自然山水的风景名胜，也有别于普通园林序列性的景象，一般地域不广，规模不大，并必与建筑空间相依存。它可以独自构成景致，也可以作为风景区的景点，或作为园林局部，成为园中之园。

因此，具有一定使用价值和观赏价值的庭景，不是那种境域旷畅的园林景，也不是拘泥于建筑物的景物。在相对的意义上可以说，它是建筑空间和园林空间有机结合的一种造型。这种造型是以一定的空间形式出现的。譬如，我们平时所常见的由地面和四周屋宇（或部分廊、墙、篱）构成类似"洞天"的空间形式，就往往因庭而异、因地制宜，"洞天"可大可小（图2.2.1），地面可实可虚（图2.2.2），四

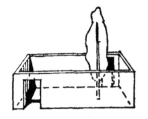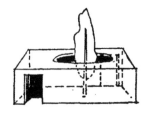

图 2.2.1　庭的"洞天"形式

周可闭可透（图2.2.3）。平面形式、壁面高低、景物设置、色泽质地等，更是有法无式，不能一格取论。

图2.2.2　庭的地面形式

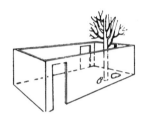

图2.2.3　庭的四围形式

既然庭园空间带有一定的观赏效能，自然与纯为采光和通风用的天井不同，它必须在满足一定的使用要求的基础上，巧于造景。

庭景，具体一点说，系指在一定范围的空间里，通过对具体景物（例如水、石、花木、建筑小品等）的处理，使之具有一定的寓意和情趣的景象。譬如"亭中待月迎风，轩外花影墙移"的苏州网师园静观景致，由于设景得体，庭园空间的景物与自然景色融成一气，使人感到亭不孤寂，墙不虚空，动入静景，静中生趣。

可见，欲得景之情趣，务必精于景的塑造，做到所谓"景到随机"，使庭景多姿有韵、自然入画。

通常我们所看到的庭园，往往是面积不大的单一空间，但通过庭园组景的对比、过渡、渗透和因借等手法，总是使庭景溢出其空间的单一性，扩大景域空间，丰富景象的层次，从而深化意境的塑造，增强主题的衬托，完善图像的构设。明代造园家计成在镇江给郑元勋造

"影园"，用"架外丛苇……隔墙见石壁二松，亭亭天半"（见《扬州画舫录》）的手法，将自然风景纳入了园内景域，顿为庭景增了几分野趣，将人的视线从园内引伸到园外的天然景观，取得园有限而景无穷的效果，就是一个很好的例子。

多院落的庭园平面布局为庭景的空间组合提供了有利的序列和演化条件。它通过各庭空间的过渡、渗透和各建筑空间的穿插、联络、分割，把各个庭景串成有机的整体。这里，各个庭景不能各自为之，必须以整个庭园的布局作为安排各庭景组的依据，并按其不同的使用要求和特点来配置各庭的景物，使全园取得有主有次、有抑有扬、有动有静的安排，既可近赏静观，又能供人徘徊寻踏。这样，从一个庭园空间过渡到另一个庭园空间，景色虽异，但一脉相承，既有各庭个性，又不乱整体的格调，形成极富韵律的庭园景观。例如湖南韶山毛主席旧居陈列馆庭园（图 2.2.4），该园在群山之下，建筑物掩映于山林之间，把韶山冲的原有风貌点缀得很是贴切自如。全馆由五个庭组成，它们结合山势，高低错落，以单廊内庭式作为组庭的基调，取得了与旧居周围自然朴实的环境相协调的效果。简朴的入口以泉作序，进门正对素雅而穆静的方形主庭。偏旁侧庭以水作院，居高而深幽。后部扩建的三个庭均采用矩形平面，通过步廊拾级可登，庭中没有任何哗宠造作，只用少量观赏木和灌木丛，庭景清雅素洁，人们从一个展场到另一个展场，既活跃了参观情绪，又不影响观展的连续思绪。如此所设庭景不喧宾夺主，所借庭外山色不抢展馆高低的简朴格调，不但很好地满足了展馆的功能要求，而且在民居形式的建筑环境下充分体现了整个庭园清幽明快的特点，取得不感平淡，反使人倍觉亲切的景观效果。

一个成功的庭景，不在景物的多寡，贵在特色，妙自含蓄。譬如：广州九曜园以九品怪石为题，杭州虎跑泉巧取甘泉成景，苏州怡园的松梅、无锡寄畅园的八音涧、潮阳西园的潭影、扬州史公祠的云曲等，

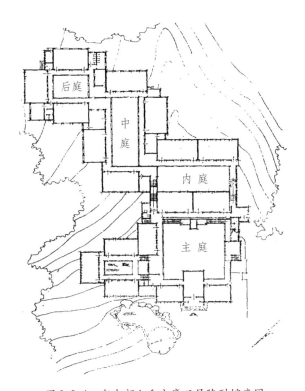

图 2.2.4 湖南韶山毛主席旧居陈列馆庭园

均巧妙地以乡土之胜来显明庭景之精粹。可见，景的取材是很值得认真考究的。

含蓄之法，以我国庭园用石为例，可识其设景造诣之深趣。人们取景石，重形象，但更重意象。譬如叠山似山，但不以山称，命以"东坡夜游赤壁"、"风云聚会"；孤赏石也不直名石字，赐以"观云峰"、"玉玲珑"之称，让人去雕琢、思忖、寻味，用以抒发庭园近赏景的特有素质，形成了庭园景物的某种意境。

意境，是客观存在并反映在人们思维中的一种抽象造型观念，用以指导人们对美的形象的塑造。画家栩栩如生的景色、诗人铿锵如剑的檄文、音乐家感人肺腑的乐章，无不在沸腾生活的感召下立意在先、顺笔呵成。19世纪法国风景画工精而意广，比此更早的我国传统写意山水画，更别具风格，含义深长。庭园景象的塑造，与人的生活和感受休戚相关，从来就以多种艺术的手段来体现其美妙的意境。

由建筑物、建筑小品、水石、景栽和禽鱼等景物构成的庭园，是通过这些不同品类的景物来组成种种景象的，这些景象又都是按照一定的组景规律形成的，每一景象都围绕着一个主题中心去塑造，这个主题中心就是庭景创作的意境。

可见，庭景的形成，首先需要一个构思出来的意境，把内涵通过一定的景物造型和组合空间巧妙地表现出来。譬如扬州个园，作者以一年四季的景色作为筑庭的意境，在园内巧作春、夏、秋、冬四个景，那竹藏石笋的春意、水漂荷香的夏景、山巅亭凉的秋象、雪色石眠的冬态，有如清代郭熙所描绘的"春山澹冶而如笑，夏山苍翠而如滴；秋山明净而如妆，冬山惨淡而如睡"诗韵。游园一周仿若历经一岁，如此数作，不但步移景异，还把庭园空间赋予某种时态含义，其设庭的意境是很有深趣的。

人的思维是客观存在的反映，意境的构设自然离不开实际。如果没有四季景物的表征，扬州个园的意境也就无从谈起。因此，庭园意境必须根据庭园的功能、使用特点、地形地势、景物状况、设备条件和经济能力诸因素，结合四季节序和当地传统等作综合考虑，然后通过景物造型把它准确地表达出来。

例如广州白云宾馆庭园，根据其使用功能和所在条件，由前庭、内庭和后庭三个庭组成（图2.2.5）。前庭利用土山作障景，既减少了城市干道的干扰，又增添了庭的天然景物。在土山与主楼之间，拉出率直的停车敞廊，将前庭分成东西动静两区，东区人流车涌，西区池景清清，不但强化了主体建筑的入口功能，还巧妙地构出了前庭空间的景象层次。内庭位于主楼与餐厅之间，既方便联系又避免了相互干扰，两种不同使用特点的高低层结构也易于处理了。庭中保留古榕一丛，立于人工塑造的顽石上，瀑花轻溅，池清见底，在浓荫中，每当斜阳隙入，缘枝照壁相映，使人不觉咫尺见高楼，全神陶醉于天然的景象中（图2.2.6）。——这种紧密结合实际来造景的庭园技艺，成功地融入现代建筑中，说明新庭园的造就，需要千方百计地因地制宜、因物设景，哪怕是保留一棵树木，利用半边土山，随高就低，引境入室，这样不但能节省投资，更重要的是使庭园景象保留自然风味，稍以匠心就能达到良好的景效。

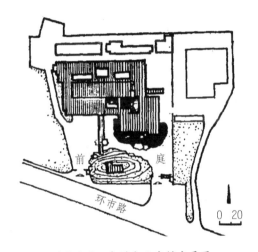

图2.2.5 广州白云宾馆总平面

图2.2.6 白云宾馆内庭景观

　　当我们研究立园意境时，值得注意的是，我国传统庭园受古典文学艺术的感染很深，这大概与古时造园家本身往往就是诗人和画家有极大的关系。例如唐代名园辋川别业系当时王维自作的，他所创的山水字画派，画中有诗，诗中有画。明代计成是职业造园家，亦善画，享有"国能"的声誉，他在《园冶》一书中，特别是"园说"一章，意境与景物交融始终，文中"轩盈高爽，窗户虚邻。纳千顷之汪洋，收四时之烂漫。梧荫匝地，槐荫当庭。插柳沿堤，栽梅绕屋。结茅竹里，浚一派之长源；障锦山屏，列千寻之耸翠……刹宇隐环窗，仿佛片图小李，岩峦堆劈石，参差半壁大痴……移竹当窗，分梨为院，溶溶月色，瑟瑟风声"的写照，说明园景浸透诗情画意，那种"结茅竹里"、"障锦山屏"、"刹宇隐环窗"、"岩峦堆劈石"均系以画的意境作为庭园组景的依据，难怪我国庭园至今还带有中国山水画的写意。

　　以诗的意境作园者，自古甚多，使园景寓情于中，表而不露，十分耐人寻味。譬如宋代米芾题咏的潇湘八景：平沙落雁、远浦归帆、山市晴岚、江天暮云、洞庭秋月、潇湘夜雨、烟寺晚钟、渔村夕照等，意境含蓄而隽永。至明清，庭园组景亦纷纷效仿，如苏州惠荫园八景：渔舫——柳荫系舫，琴台——松荫眠琴，房山——屏山听瀑，小林屋——林屋探奇，藤崖——藤崖仈月，荷坨——荷岸观鱼，云窦——石窦收云，棕亭——棕亭霁雪等，以诗的题材为意境，构出庭园景物空间的主题，形成我国庭园的所谓诗、画、园相结合的独特风格。

　　诚然，时代不同了，过去社会的局限性，庭园意境只能反映当时的历史痕迹，古时的思想感情和艺术处理手法，在今天的造园中应该加以客观的分析借鉴，在继承优良传统的基础上，用反映当今时代的意境去创作更多、更好的庭景。

　　庭园是一种可供人们观赏的立体境域，通过人的感觉器官和主观思维，反映出其适用与否和美还是不美的印象、判断和评价。

　　由庭园景物构成的庭园空间，它是在一定的条件下形成的。在同一个位置上看，假如那是一片平坦的草地，给人的感觉只是一个平面（图2.2.7a）；如果在草地偏旁的适当位置摆上一具景石，则骤然出现了景物空间（图2.2.7b）；届时倘有阳光照射下来，景石周围就产生了向阳与背阳两种质感不同却又相互衬托的富于造型变化的景物空间（图2.2.7c）；如果这块草坪不是漫无边际，而是有建筑或墙垣"围闭"，将视线约束在一定的范围之内，这样就构成了带有某种意境的庭园空间了（图2.2.7d）。这是一个简单的比喻图式，从中可以直观地了解庭园空间的形成。实际上，同一庭园空间在不同季节、不同天气、不同处理的情况下，给人的感受也是不太一样的。现在，国外建筑师研究建筑空间的不少，日本芦原义信教授所指的所谓"外部空间"，对于小范围来说，实际上就是庭园空间。

庭园空间一般位于建筑外部，一般由建筑物或墙垣"围闭"而成。因此，它既不同于有顶盖罩住的建筑室内空间，也有别于不受建筑"围闭"的园林空间，当然更不是漫无止境的自然空间。

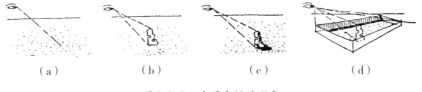

（a） （b） （c） （d）

图 2.2.7 庭园空间的形成

庭园空间与园林空间由于"围闭"与否，相对地产生了以静观为主和以动观为主两种不同的景组。被建筑"围闭"的庭园空间里，景物在有限的范围中，一般供人静观、近赏。然而，通过适当的造景技法去组织空间的过渡、扩大和引伸，也可以使"围闭"的庭园空间"围"而不"闭"。不被建筑"围闭"的园林空间，景物往往资借自然景色，在畅旷的境域里，泛舟荡歌、浮云姿舞、鸟语花香、风驰电掣等天然动态，供人动观、游览。诚然，以静观为主的庭园空间里，为使景致更充实、更风趣，常常用模拟和因借手法去塑造动观景效，把庭中景象烘托得更为自然，更富有生气。

庭园空间与室内空间的区别，就在于庭园空间具有一定的天然性。它除了能与室内空间一样可以建筑材料与装修来达到一定景效外，还可以花草、树木、禽鱼、水局和景石等作为景物，经历阳光雨露、风雪夜月、飞云击电等天然条件的变化来增添庭园的景趣。因此，空间的约束性和景色的天然性成为庭园空间的特有象征，在造园领域里相对独立地存在着，并在建筑环境不断改善的形势下，得到异乎寻常的飞速发展。

庭园空间的景观在于庭园组景。庭园组景是否得体，造型空间是否合宜，是要通过人的视觉器官去鉴赏的。因此，研究庭园的观赏效果，其目的在于如何获得庭园空间的合适尺度。庭园空间尺度的确定，除需满足基本功能外，很大程度上取决于有效地适应人的观赏规律。

实验表明，一般人的视野范围，大约成60°顶角的圆锥体，人的最大有效视距为1 200米许（图2.2.8），这个作为建筑造型和布局控制的创作依据之一的问题，已经逐步发展成为日趋公认的外部空间设计的一项重要因素。

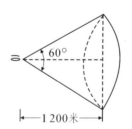

图2.2.8　人的双眼视野图示

庭园空间属外部空间的一种。作为以静观为特征的庭园，那种根据静观状态提炼出来的视角控制，对庭园空间尺度（包括各景物空间尺度）的决定提供了较为理想的依据。譬如在庭园里栽一棵赏形的孤植树（图2.2.9），观赏的位置设在哪里？离景物多少距离才能达到最佳的观赏效果？如果这棵不是赏形树，而是赏叶或赏果的，又该如何处理观赏点？这些问题除与选择景栽品类有关外，与庭园空间尺度的确有极大的关系。处理得当，见形得貌，促成庭内一组完善的景物空间；处理失体，形貌皆非，不得其景，反而破坏了整个庭园空间。

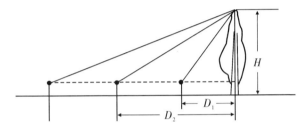

图2.2.9 庭园景物观赏点图示

人们在平视状态下，对景物的观赏，一般利用其一定的水平视角和垂直视角的控制来获得最佳的观赏条件。据测定，人们双眼视野的最佳水平视阈为60°夹角，这个数据对景物观赏效果的分析是基本贴切的。例如，我们鉴赏苏州拙政园玲珑馆，在南北两面因山石景栽和墙垣的牵制，均不得其貌，只能在该馆的正面（西面）庭中，即离开馆前相当于该馆宽度的距离时，才获得廊庑回绕、庭园深深、玲珑可玩的景致（图2.2.10）。这种观赏点的视线夹角正是最佳水平视角——60°夹角。具有最佳水平视角的观赏点，当中心景物的高度不超过其宽度时，即为庭园空间的最佳近赏点。从图2.2.10中我们可以知道，最佳近赏点在60°水平视角范围内，其所看到的不是庭园的全体，而是形成庭园空间主题中心的景物——玲珑馆，及其必不可少的衬体——回廊、景窗、月门、铺地等，使人觉得小馆不显其小，小庭不感局促，反而显得开朗而深幽。

人的视野在平视状态下，视距为观赏物高度的两倍是最佳的垂直视角，这个原理在庭园空间组景中也是经常运用的。譬如设计一个水

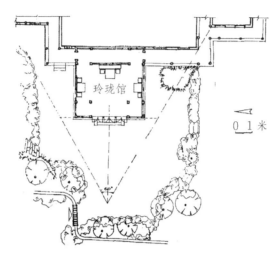

图 2.2.10　玲珑馆

庭的时候，常常在水面铺小桥，岸边设景亭，桥与亭的位置如何确定呢？除了考虑具体构图条件外，视角选择恰当与否对观赏效果的成败起着重要的作用。当桥与亭的距离是亭高的两倍，即 $D=2H$ 时，如果视平线刚好在平亭的地面，那么，站在桥上就可以看清楚亭貌。以同样的距离及其高差条件，在陆上取点，也一样能取得观赏亭的全貌效果（图 2.2.11a）。假如桥贴水面架设，而水面至亭的地面的高差为亭

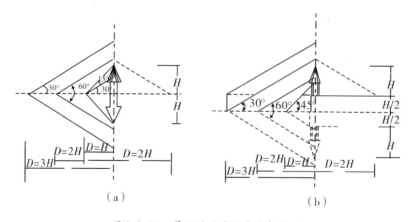

（a）　　　　　　　　　　　　　　　　（b）

图 2.2.11　景例的垂直视角分析图示

高的一半，视距拉开至 $D=3H$ 时（图2.2.11b），眼前的亭景出现了既有亭的全貌，又有岸景、天空景色及其完整的倒影，这样就把亭景、水局及局外自然景色有机构成一组完美的景物空间，小桥便成了赏亭的最佳点。诚然，在实际设计工作中，确定桥位的标高时，还需要考虑人们立视（或坐视）的尺寸，而且，如果主题景物的宽度超过其高度，并越出最佳水平视角范围时，视距就得相应拉大，以求得整体的尺度。

视角原理表明，如果将视距（D）与景物高度（H）的比率缩小，譬如 $D/H=1$ 时，情况就有了变化，在平视状态下，人们只能看到景物高度的1/2（眼睛离站点地面高度暂不计算时），还有 $1/2H$ 要用仰角15°来补偿（图2.2.11a）。如果比率再缩小，其仰角就越大。这种观赏条件，在建筑内部空间和以近赏为主的庭园空间里是经常碰到的，因为这些空间的大多数观赏对象都是在平视状态下的视野范围内。

经验表明，当观赏对象的宽高比在不太悬殊的条件下，$D/H=1$ 成为近赏的良好空间感的一种界限。当 $D/H<1$ 时，空间就感到迫近，当 $D/H>1$ 时，空间有远离的感觉。如果两方的比率继续按各自方向发展，其所反映的观感就更强烈，即当 D/H 的比值远远小于1时，便会产生异常局促和挤迫的感觉；而当 $D/H>4$ 以上时，观赏对象也会显得淡薄而疏远。例如南京瞻园（图2.2.12）静妙堂旁的侧庭，丈高墙垣，

图 2.2.12　南京瞻园侧庭景观

137

月门正开，锦窗旁设，古藤逐蟠而挂，景石伏地静静相配，在廊阶下平视，真似一幅寥寥几笔构思奇趣的水墨画，其视距正是相当于墙高之庭中廊下。如果景物内容不变，将庭园空间增大或缩小，园趣就会完全不同，不是感到空淡就会觉得迫促。可见，运用视觉规律作为设计庭园空间尺度的依据，是十分重要的。一般认为，以近赏为主的庭园空间尺度，其垂直视角控制在 30°～40° 之间，即 $D/H = 2 \sim 1$，其比值尺寸可以获得较紧凑的景观效果。

人的眼睛处于平视状态观物是自在而易于持久的，所以，景物空间的主题中心常常以上述法则来确定其空间的尺度。然而，人们观赏景物，视线不是一直平视的，往往喜欢左顾右盼，上下打量，因此，景物造型和空间尺度不能只从单一方面考虑，应该通过庭园组景手法，使人的观赏线从局部感兴趣的一点开始，逐步引伸、周旋，最终又回到以景物主题为中心的总体上，使人依着景物从近赏到静观，视距活动从小到大，即 D/H 的比率从 1 而 2 至 3，达到对景物空间的整体赏识。

值得强调的是，视距在庭园空间设计中，除与尺度密切相关外，与景物质感的关系也是十分明显的。纹理细致的材料只能在一定的视距中得到观赏价值，越出一定的距离，就会影响质感。成丛成片的野菊花可供远眺，但清香的玫瑰宜于咫尺近赏。广东省潮阳县西园的前庭中，设有一口乍看不引人注目的泉井，它位于进门左侧的小石屋里。这座用石壁雕琢成的泉井如意门洞，在尺度上与泉井十分贴切，人们站在景门前，当视距在 $D/H = 2$ 的位置时，一种青灰色质的壁面、步级、景洞，使人不由自主地被吸引住，当走前几步，接近 $D/H = 1$ 时，清晰地发现它全是由自然山石雕琢而成，在浓荫下，一种暗青见晶的水凉凉的石质感，使人顿有甘凉生津之味。踏入四尺见方的井屋，室内泉井一口，景致阴润，回首从如意门向庭中窥望，畅朗的园色复又回还。从这一实例可以看出，在适当范围内所显出的质感，对景物观赏效果有重大的影响。

我们还经常碰到这样的情况，即庭园内某种墙（或柱）面装修材料，在一定视距中会取得良好的效果，再向前或退后，感受就显然不同。例如广东顺德中国旅行社支柱层的柱面和墙面，分别用素色粗面和深色滑面两种贴面预制块来装饰，结果，在 $D/H=2$ 的视距观赏时，柱面的质感效果非常好，色泽与整体相协调，饰面纹样还隐约可见，予人一种精雅之感。但在同样的视距条件下观赏墙面上的饰面效果就不同了，它在阴影下显得色深纹细，浑成一块，失去了整体的协调性。然而，若视距缩小，当 $D/H=1$ 时，情况就不一样，柱面材料觉得粗糙，而墙面材料质感则有所改善。如果将视距拉大至 $D/H>3$ 时，饰面的色质和纹样已完全看不清，这时饰面质感给人留下的不过是整体的一点微弱印象（图2.2.13）。

图 2.2.13　顺德中国旅行社柱饰

国外有些庭园的花圃，利用天然色感的雷同性和人的观赏视距规律，巧妙地使用彩色碎石铺锦来丰富花圃的几何图形和花色，效果极为别致。它在阳光下五彩缤纷，乍看以为鲜花盛开，但在接近人行道的地方却栽上真正的鲜花，这样真真假假，收到了一定的庭园景致效果。广州地区的庭园中广泛采用人工灰塑的竹栏杆、树皮亭以及各式景石的做法，都是巧妙地利用仿自然质感造景，在一定的视距中，这样塑造出来的景物空间，是可以达到庭园组景协调统一的效果的。

　　庭园有单院落空间和多院落空间两种布局。单院落空间如三合院、四合院，是单一空间的庭园。多院落空间是由一组建筑群形成的一个以上的院落空间，其建筑既是主体又是各院落的过渡，成为一个多单元的复合体。

　　由景物构成的庭园空间，以不同景物的先后、左右、高低、大小、虚实、光暗、长宽方圆以及各种不同的色泽、形象等组成景象的序列，形成庭园空间的层次和节奏感。

　　最基本的庭园空间层次是由单一空间形成的。如图 2.2.14 所示，Ⅰ是自然空间，Ⅱ是庭园空间，Ⅲ是建筑内部空间。当人们未踏入院门，是处于漫无边际的自然空间里，客观上是庭园空间的预备阶段，它可以用列树、花圃、步级、广场之类的手段，使之与空间Ⅱ（庭园空间）发生某种联系。当人们从空间Ⅰ踏进院门，即被墙垣围成的庭园空间所吸引，如果墙高在 0.6 米以下，自然空间与庭园空间的界限，在视觉上只是有所感觉，两者基本上仍融为一体。但墙高至 0.9 米时，

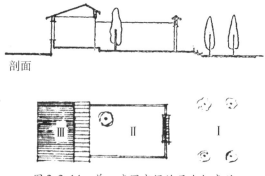

图 2.2.14　单一庭园空间的层次与序列

庭园空间的感觉就较明确。如果墙高达 1.6 米以上，人的平视线完全在庭园的范围内，和自然空间基本隔绝，墙外的高杆乔木和天空景色，在眺望上变成庭园空间扩大，这种感觉在人坐下来观赏时特别强烈。空间Ⅲ在庭园空间诱观的作用下，使人从庭园空间自然转入建筑内部空间，实际成为空间Ⅱ向内引伸。通过这一图例的分析，我们可以了解到，利用庭园空间的处理，既可排出空间的序列，又能划出空间的层次，演化出园景的情趣。

多院落庭园空间的层次，除了具备单一空间那种三道空间序列外，由于庭园空间的多样化，使建筑空间更为完美。例如广州中山纪念堂接待室庭园（图 2.2.15），它以两个接待室为主体，利用过厅、曲廊和墙垣构成三个园趣不同的小庭园。一进门，敞廊、曲廊与门厅一气呵成，前庭沿廊置物不多，但见绿草如茵，秀树一株，粉白墙垣上花影摇曳相照，显出一派幽悠深静的景象。步曲廊转入过厅，接待室的一片亮窗联门与厅旁水庭相配；榭屋倒照，池鱼见底；卷窗透前庭景色，林木闲越墙垣；水灯、景栽随意点缀，构成了第二庭景空间。涉廊右两步，设另一接待室，石竹依墙，麻石铺地，精美盆栽摆设得宜，托出了洁净素幽的第三庭园空间。在百余平方米的面积里，组成如此灵

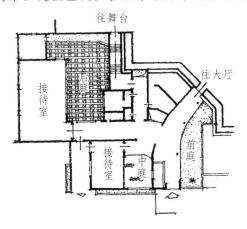

图 2.2.15　中山纪念堂接待室庭园

活紧凑的空间层次，真可谓室不呆滞，园不俗套，人工与自然交融成章。

庭园空间的层次与序列的塑造不是千篇一律，也不是无规可循的，应按其不同的使用功能区安排。一般说来，纪念性建筑、宫廷、庙宇之类往往在明确的中轴线上构设庭园空间的层次，以表达其肃穆神圣的意境。如日本的神社和中国的宫廷，其各庭的景物序列均紧紧围绕它的主题中心来安排，布设牌坊、台阶、华表、列树、地被之类。而一般民用及公共建筑的庭园空间层次，则多采用灵活自如的自由组合，如广州山庄旅舍庭园（图2.2.16），它的平面布局采用了传统的前庭、中庭、后庭、侧庭和小院有机组合的方式，构成风景区里的庭园新例。山庄位于白云山腰，前庭以小广场、水面、盘道和曲廊，依势而设，将旷野的坡地空间划出了有趣的层次，廊前敞朗轻盈，廊后山林可见，分隔了的空间，反而觉得幽深莫测了。折廊入中庭，板桥横渡，蹬步边设，客房高低错落在花丛林木之中，景象十分舒畅。后庭凭借山涧、野林、壁泉，以桥、亭等小品构成富于野趣的山庭。侧庭以竹为景，作为餐厅空间的扩展。小院配置灵活，成为卧房、卫生间等空间的渗

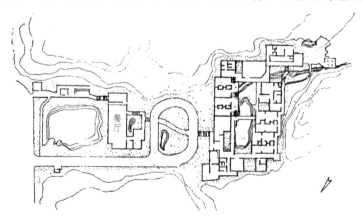

图 2.2.16　广州山庄旅舍庭园平面

透景。整个庭园组合不但丰富多彩，且把空间的层次和序列与其使用功能紧密结合起来，成为多院落空间新庭园的佳例。

庭园，是一种有明确构图意向的立体造型空间，根据庭园组景的各种手段，可以构成各种意境的空间，使庭小不觉局促，园大不感空旷，览之有物，游无倦意，宜密则密，宜疏则疏，所谓"宽处可容奔马，密处难以藏针"，只要认定作图意境，大胆落墨，小心收拾，就能意趣横生，各臻其妙。庭园组景要取得应有的景观，用以表达一定的意境，人们通常是使用这样一些手段来完善的：

其一，将庭园景物围成一定程度的封闭性空间，此式称为庭园组景的围闭法。这种方法也是最常见的组景方式，而且常常采用这样三种围闭手段：一种是庭园四周均系建筑物，在这个庭园空间里，以一定的组景方法组成某种意境的景象。例如韶山陈列馆水庭，四面是展场，庭景只取深而幽静的水际，显得格外清雅高洁，不但适宜展场环境，而且与韶山风貌也极为和谐。杭州玉泉观鱼池三面建筑一面墙亭，其构庭虽与上例类似，但性格迥然不同，前者以深幽静雅为格调，使观众的注意力流连于展场序列的连续思绪中，后者却珠泉沛涌，赤鱼戏池，众客绕着水景观赏，形成一局向心性动观景象。由此可见，庭园空间相仿，但组景技术不同时，所得园效是不一样的。一种是一面（或两面）是建筑物，其余三面（或两面）由墙垣围成，一般出现在宅园。这种庭园的观赏点，一般放在室内朝向外空的适当地方（如敞廊、门厅口）。因此，墙垣的高度和室内景框的尺度往往成为庭园组带决定性的因素。一般认为墙高在 $0.3 \sim 0.6$ 米时，只能勉强区别庭园界限，不存在闭锁性，因为视阈感觉（哪怕是憩坐观赏的视高）仍保持着与庭园外空间的连续性；但当墙高升到视线受阻的高度时，形成了空间隔断，就会产生相应的闭锁感，墙越高就越明显（图2.2.17）。这类庭园的组景，常常运用的手法是：以屋檐、梁柱、栏杆（或较开敞的大玻璃窗）作为景框，把园景收在一定的幅面上；在墙垣内的庭园地面上设置适当的景物（如景石、景栽、各式铺地之类），作为庭园的中心或画面主题；以墙外自然景色（如树梢、远山、天空等），作为庭园景物的衬托，使庭园的意境稍稍溢出院外，以丰富庭园空间的层次和增添自然的气息。还有一种是一些倚山的侧庭或后庭，往往利用山石或土堆作为庭景景物，与建筑物围闭成富有野趣的庭园，例如广州白云山风景区的山庄旅舍的后庭，利用山石、溪涧、壁泉作景，洞上架板桥、设山亭，山石嶙嶙，苔蔓滋生，泉声壁泊，潭影清清，壁上的名人题刻更为园景添色（图2.2.18）。此法择取山貌入园，巧夺片壁作景，可谓以少胜多，一股芳郁野气回绕庭空。杭州黄龙洞利用宝石山围成的庭园，气势很可观，已属含有自然景趣的山庭。

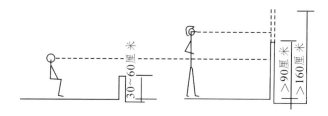

图2.2.17　围墙高度对庭园空间的影响

图2.2.18　山庄旅社后庭局部景

144

其二，为满足人们各种活动的需要，庭园组景往往冲破相对固定空间的局限性，在不增加体量的前提下，向相邻空间联系、渗透、扩散和展延，从而达到小中见大、扩大视野、增加层次和丰富庭园空间的组景效果。此法称之为组景的延伸法。

延伸法往往有意识地使用各种手段，把被分隔了的空间在视线所及的范围内联通起来，使两个（或多个）毗邻空间内的景象可以彼此渗透、展延，或相互因借、呼应，从而造成园中有景，景外有景，大中有小，小中见大，近望远眺咸得其宜等耐人寻踏的绝妙局面。欲达如此境界，通常亦有三法：

一是利用空廊互为因借。空廊虽不能围闭空间，但仍属良好的分割手段。被空廊分割的两个空间，基本上保持着联通的关系，使廊两侧的空间景物能相互因借，彼此衬托，从而使相应各个庭园空间的景物各自成为对方的对景、远景或背景，取得庭园组景寓情幽远、层次深邃的延伸效果。例如广州泮溪酒家"水廊"（图 2.2.19），人们可以在旧敞厅餐室里，视线穿过浮架小岛的"水廊"看到荔湾湖上轻舟漂泛、翠带环回、水天一色的胜景。若从相对一侧看，透过"水廊"又可赏识泮溪酒家的原有景色。苏州拙政园的"小飞虹"是松风亭和香洲二园彼此延伸互为因借，同样取得景物组合的良好效果。

图 2.2.19　广州泮溪酒家庭园"水廊"景观

　　二是利用景窗互为渗透。此法有意识地透过围墙（或景墙）的景窗，非常集中地呈现另一空间的有趣景物，使视点—窗孔—景物连成一线，形成庭园空间景象在纵深线上的延伸。例如广州越秀公园花卉馆景窗（图2.2.20），它在廊墙上，前有内庭，后有野景，人在庭内赏花时，漫步窗前透视庭外竹林蹬道野景，又是一番情趣。广州海珠花园的书卷窗设在过厅的对壁上，正与人的视线齐高，窗外明媚灿烂，一颗龟背竹遥对窗心，把人的视线从室内引向窗外，渗出局外有趣的景象。这种以渗透相邻景物的对景方法，已广为庭园运用。

图 2.2.20　广州越秀公园花卉馆庭园景窗渗透景

　　三是利用门洞互为引伸。庭园内景物的安排常常运用门洞来诱导，用有意隐现出来的景物吸引人们游观，若门上有绝句题额则更添景意。苏州拙政园东部从枇杷园门看"雪香云蔚亭"，或自"别有洞天"看"梧竹幽居"（图2.2.21），都是以门得景、游之以导的佳例。这些具有两种极好的组景功能：一系以门洞的对景作为庭园景象序列之引导，把游人从一个庭院空间引入另一个庭院空间，自然地形成一条明确的观览线路；二系利用门位和门形的构图轮廓，将远离的景物纳入门景画面，使之成为庭园中富于画意的景物造型。因此，庭园墙垣的分隔和门洞的开设，常常成为园景变化和统一的一种辩证处理手法。

146

图 2.2.21　拙政园梧竹幽居环洞景观

　　"诗如神龙，见其首不见其尾，或云中露一爪一鳞而已，安得全体。"王士祯此语同时道破了富于意境的中国诗画园的组景技法，说明庭园组景贵在特色，不求平铺直叙的繁琐堆砌，方能有效地表达预求的意境。人们说苏州的庭园妙在小，精在景，贵在变，长在情，取得天下之盛誉，此话不无道理。要真正获得庭景的最佳效果，就得善于在寻常的条件下选择不寻常的适宜办法，利用局外不可多得的因素，使庭园的意境体现深情而触目。

　　譬如影射条件，在日常生活中是常事，"近水楼台先得月"的谚语，正是点出了水庭利用水的倒影获得自然景色的真意。园林中如杭州西湖的"三潭印月"、庭园中的"双桥月"景致均属此类。《扬州画舫录》中所描述的镇江"影园"，也是"以园之柳影、水影、山影而名之也"。可见，"影"在庭园组景中的巧妙运用是我国的传统技法之一，它利用水面倒影的特色，不独可借陆上景物之美来增添水局的情趣，还为庭园景色提供了垂直空间的特有层次感，祖咏在《苏氏别业》诗中"别业居幽处，到来生隐心；南山当户牖，澧水映园林"的描绘，使人有身居"别业"、饱览影中庭外山园风光之感。在新庭园中也有不少抒发水影景效的佳例，例如广州东方宾馆内庭（图2.2.22），不但在水面构成带有岭南传统气息的船厅格局，同时巧妙地利用高楼倒影，在水景中呈现新建筑庭园空间竖全的有趣层次，恰到好处地衬出了时代质感。

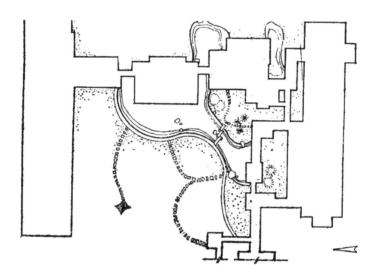

图 2.2.22　东方宾馆内庭水局平面

诚然，"影"的运用不仅限于水面的倒影，阳光照射所成的影和灯光下的影更为常见。所谓"竹影当窗"，就是借用竹影在粉壁上的造景，利用阴影来突出建筑的层次和质感。何况，在现代照明业迅速发展的情况下，庭园景色对影的运用是不言而喻的，将来会比今天更为广泛和富有深趣。

射，指的是利用光的反射取得庭园景效的手段。我国古典园林里，利用巨幅壁镜的光反射造像原理，把镜前的庭景反映在镜面上，达到间接借景、丰富庭园水平空间的层次感的效果，确是匠心独运。譬如苏州怡园，在南沿建一"面壁亭"，亭中立巨幅照镜一面，镜中即印显北面山景上的螺髻亭、小沧浪和山下的水局景等自然庭景，使位居庭边无所开展的该亭南端，借反射手段虚构出美妙的"扩大空间"（图2.2.23），使怡园这一景区增添了异乎寻常的情趣。最近，广东深圳东湖宾馆的庭园也效仿这一技法，做了一个镜亭门，把门前的景色映在门镜上，有若门外还有不尽之庭景，这样虚构避开了固有的镜架而显得更逼真，对于扩大景域确能收到特有的影像效果。

图 2.2.23　怡园面壁亭利用镜面反射景效图示

对景物尺度和质量的估量，除与人的观赏条件（如视点、视距）有关外，运用景物本身的对比，也是可以收到突出的景象效果的。庭园组景常常运用这种原理，把两种（或多种）具有显著差异的因素安排在一起，使其相互烘托，达到意境所需的程度。譬如我国传统庭园里，在布局上用"抑"、"扬"的对比手法来塑造庭园空间，特别是江南庭园面积不大的平庭中，运用抑扬间错手法，避免了单调、狭小、局促和闭塞的感觉，带来了空间景观变化多趣的效果。所谓"欲扬先抑"，就是将入口空间处理成狭长曲折、夹巷幽深，予人一种小、近、

149

暗、狭的印象，一旦入园则豁然开朗，呈现一片廊庑回环、奇亭巧榭、峰回路转、水天一色的景貌，予人一种大、远、明、宽的畅朗抒怀之感。这种手法以苏州留园最为典型（图2.2.24），它利用空间的大小、形状、明暗、方向、开阖，以及色泽、粗细、简繁、虚实等对比处理，塑造出千变万化的景物空间。特别是在"五峰仙馆"和"冠云峰"这两组庭园之中的"揖峰轩"、"还我读书处"一带错综交织的空间处理，真可谓形神兼备。

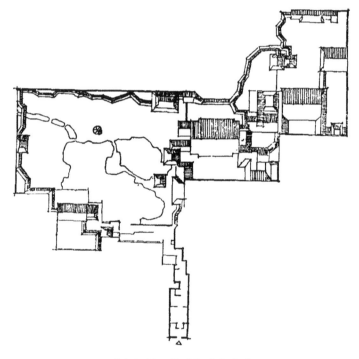

图2.2.24 苏州留园平面图

利用庭园景物对比手法的另一个突出例子是北京乾隆花园（图2.2.25），其相邻两庭园，面积和空间体量相差不大，但一庭堆山立亭，一庭平坦旷达，两者的景象格调全然不同，人们由此入彼，不因围闭空间的雷同感到重复，反觉有山之庭更野，无山之庭更广。由此可见，在相对统一的条件下谋求变化，要善于利用对比手法塑造园景，使庭园景相得益彰。

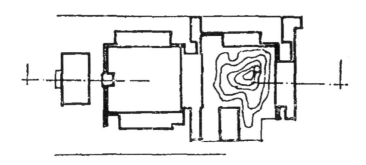

图 2.2.25　乾隆花园平面图

同时值得注意的是，利用珍品构设庭园景象，可使庭景身价倍增。因各类珍品，不论其为古木、奇花、名泉、怪石，还是文物古迹一类，均具有潜在的观赏魅力。那种随便弃旧更新、不问代价、不讲文明的做法是缺乏见识，甚至是伤害文化的表现，必须多加制止。大家知道苏州拙政园很出名，其前庭更引人注目，非他故，只因保留了一株文衡山手植的古藤，如今仍苍劲如昔，在名刻、顽石的陪衬下，虽寥寥孤藤，整庭竟古趣横生，成为近代誉称"苏州三绝"的胜地之一（图2.2.26）。

又如上海豫园香雪堂庭中，有号称江南名峰的"玉玲珑"孤赏石，它四面通眼，漏得奇巧，全庭无他设，就此一峰独屹，便满园生色。桂林的桂海碑林，以古迹碑刻作庭景主题，虽有围廊高廊，但庭中景象仍为岩下碑林独揽。无锡惠山"天下第二泉"庭园里，龙首吐液，承池一方，漪澜堂对泉伫设，泉旁依山就势作垣，深夜在此赏庭，悠然醉入"二泉润月"的幽境，极尽泉庭古意。昆明筇竹寺内庭以柳杉古木作题，广州海珠花园以海珠石遗物——古榕作景，北京紫竹院以

151

紫竹构设门庭等，均系利用珍品提高景效素质的佳例。

可见，获得富于意境的庭景满意效果，不在于景物数量堆砌，贵在取材，精于造景，方得象简意深、品少格高、以少制胜之奇效。

图 2.2.26　苏州拙政园前庭景观

三 庭园水局的构景艺术

自古而今，水在庭园之运用甚常，诸如浇花滋木、养色育莲、洗庭涤院、降温消防等，皆不可或缺。地处热带的古埃及借一池庭水，拟作"沙漠中的绿洲"，用水尤显珍贵。我国古代庭园，为调剂室内外环境，以水为题，因水取景，将水的功用巧妙地融合于模拟自然景象的庭景中，可谓又进一筹。历史上的《水经注》、《长物志》、《园冶》等著作中均有论说。史实中的秦上林苑、汉袁氏私园、唐辋川别业，尚存的北方离宫别苑、苏州园林、岭南庭园，以及现代的广州庭园等，莫不造化天地、纵水生辉。

水局，是造园中以水为主的园景的概称。一般而言，庭园的水局是由一定的水型和岸型构成，不同的水型和岸型，可以构设出各式各样的水局景。这些水局景常常因水而平远，因花木而华翠，因景石而古趣，因禽鱼而助兴；若寓于深岩绝壁之下、飞阁精舍之中，尤有山情风雅、襟怀舒展之感。

庭园的水型一般分成水池、瀑布、溪涧、泉、潭、滩及水景缸诸类。各类水型可以独自作景，但多数庭景以兼而有之取胜。

水池，园林中常利用天然湖海，古称"巨浸"，以广称著。如北京北海、杭州西湖、昆明滇池等，莫不以一望千顷、海阔天空的气派构成大型园林的宏旷水局。庭园水池无此浩瀚，阔者不过一亩至数亩。一般水不深，浅者尺许。池，可方可圆，我国多随地形地势而凿，务求水局的自然气息。如广东顺德清晖园内庭水池（图 2.3.1），池水平澈若镜，池边亭榭廊台畅设，水中浮荷点数，赤鱼戏底，粼粼波影，使若亩见方的水面，不觉水境局促，反觉空域畅朗、水态丰盈，呈现出岭南水景的素秀风貌。有的庭内设小水面者，置于小庐阶前或厅堂窗下，静静赏识，令人悠然吟出那极富哲理的朱熹诗句："半亩方塘一鉴开，天光云影共徘徊；问渠哪得清如许，为有源头活水来。"

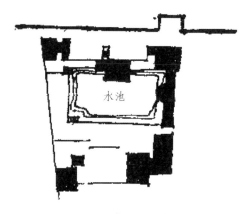

图 2.3.1　清晖园内庭水池

庭园以水作动景，常常模拟瀑布这一自然水型，把石山叠高，下挖成水潭，水自高往下而泻，击石四溅，飞珠若簾，俨有飞流千尺之势，很是可观。宋徽宗造艮岳有"瀑布屏"之说，构筑甚妙，它用"紫石，滑净如削，面径数仞，因而为山，贴山卓立，山阴置木柜，绝顶开深地，车驾临幸，同驱工登其顶，开闸注水而为瀑布"。古时还有用竹筒承檐溜，暗接石罅中，叠石凿池而成的。现在，城市里均有自来水设备，引至叠山高处，不必"驱工登顶开闸"，随时可瀑泻成景。

溪涧，水面狭而细长，属线形水型。水流因势而绕，不受拘束。大型园林有天然泉涧资借，自然成景。庭园里一般在大小水池之间挖沟成涧，或环屋回萦，或轻流潆穿而过，使庭园空间变得更自如。南京瞻园静妙堂西侧的溪涧（图2.3.2）即为一例，它连接堂前堂后大小两池，前段湖石沿涧而砌，与堂前盛山壮景连成一气；后段平坡而渡，

154

涧中老大若小，石板小桥就中而铺，山石随势置立，苇草沿溪漫长，循涧而步，涤尽尘俗。

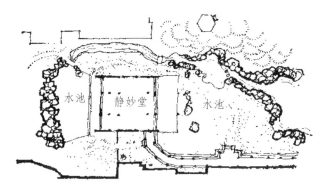

图 2.3.2　南京瞻园溪涧

　　古有天泉、地泉、甘泉之说。所谓天泉即天然雨雪，古时引景入庭极妙，"雨打芭蕉"、"断桥残雪"之类已为众所熟知，白玉蟾的"南枝才放两三花，雪里吟香弄粉些；淡淡着烟浓着月，深深笼水浅笼沙"的天泉庭景，用风花雪月绘出满庭早春气象，道白了借春水作景的妙处。夏多暴雨，易浑浊池潭，庭园多不取，而秋水白而冽，喜为运用。可见，庭园造景如何利用天然雨雪，按不同季节相应配植景栽，是不可忽略的传统手法。地泉又称乳泉，即今之泉水。我国的地泉资源十分丰富，其中以济南趵突泉、无锡惠山泉、青岛崂山泉、西湖珍珠泉等为著，这些名胜均以泉作景，闻名古今。名贵泉水，清寒甘冽，不但可因泉得景，更可供茗用，如杭州虎跑泉、广州九龙泉。古时寺僧在名山大川取用丹泉，据说水含自然之丹液，其味异常，能延年祛病，此泉可能就是今天的矿泉之类。温泉不能饮用，一般辟为疗养胜地。近代以矿泉、温泉为题兴庭建院的，名目繁多，其中以宾馆、别墅、浴场、医院、疗养院以及其他旅游建筑为常，广州矿泉别墅借原"甘泉山馆"的遗意，以并为标，以水为景，配以野石数座，榕荫一棵，构成极富岭南山乡风情的"榕荫甘泉"庭（图 2.3.3）。此例较突出地以人工之法，塑出温泉、井泉和池潭景。

图2.3.3　广州矿泉别墅榕荫甘泉庭

潭，一般指临岸深水的水型。瀑布之下，承水成潭，是历来的格局。因此，潭景空间一般与峭壁连在一起，水面不大，实际蓄水深浅不一，但周围峭壁嶙峋，俯瞰气势险峻，若临万丈深渊。在庭园中仿潭景者，往往用小水一泓，回环叠出深岩峭壁，借取其意。广东潮阳西园的"潭影"，就是运用此意而作。历史上艮岳之"龙渊"、瘦西湖之"东园"等，亦属潭这类景物。

庭园水型仿自然滩景的，古例虽不多，但其以水浅而遂凭岸陆的特点，可破一般水型沿池围栏的俗套，所取水局潇洒自如，而极富自然。宋代王维的辋川别业里有"白石滩"一景。此外在具有中国传统气息的日本庭园里，运用滩景的实例不少，如毛樾寺、桂离宫，池旁浅水处铺以白沙作滩景。近来，我国新建庭园中，不少小院、水底宫以白色卵石铺滩作景，水清石显，水景十分别致（图2.3.4）。

用陶皿、盆缸或玻璃水柜之类承水作景的水型，同水景缸一类。它不像其他水型位置固定，可以随欲迁摆，辅作庭园点缀的水景。

水景缸，有供玩赏金鱼的金鱼缸、金鱼柜，亦有植盆荷水栽之类的，如苏州寒山寺的荷缸，它在平庭阶前左右陈列，既不失佛寺的肃穆，又缓和了庭内干涸无水的气氛。关于水景缸的运用，历史上还有如此掌故传闻：元代，江南常熟有个姓曹的园主，请倪瓒（元末无锡

图 2.3.4　滩景

有名的造园家）到他的庭园（即陆庄）赏荷，倪应邀而往，上楼一看，平庭空无所见，曹先请他到别馆吃饭，饭后复登楼，但见方池荷花怒放、鸳鸯戏游，倪大惊。原来，园主预育盆荷数百，用时摆进四尺见深的平庭里，灌水于庭，复置水禽野草，瞬息之间即现荷池胜景。这一盆植水栽之妙传，在现代水庭中广为引用。因现代庭园之水池，池底多系钢筋混凝土捣制，蓄水不深，为保持池水清澈，池底多不复土植水栽，而以水景盆栽隐于池中，不但容易培植，临时更位也很方便，池面造景灵活自如，是构设水局景的一种简便有效之法。

　　水为面，岸为域。庭园水局的成败，除选择合理的水型外，离不开岸型的塑造和规划。一定的水型配以与之适应的岸型，不但于水局易于取得协调统一的效果，且能更好地发挥各自的特色，使水局景平远而不空幻，素秀而不陋俗，还能在有限的水域空间做得小而不迫、动而不乱。

　　岸型属园林范畴者多顺应自然，而庭园岸型则常模拟自然取胜。其型式包括洲、岛、堤、矶、岸五种。不同岸型可以组成多种变化的水局景。

　　洲，属濒水的片状岸型。它仿天然沙洲，与水平接，造园中属湖山型园林者，多有洲渚之胜。如广东惠州西湖有芳华洲、点翠洲，明代孔少娥以"西湖西子两相俦，湖面偏宜点翠洲；一段芳华描不就，月湾宛转似眉头"的诗咏相赞。历史上远如南北朝梁孝王刘武的兔园雁池中有鹤洲；唐朝裴晋公宅园中有百花洲；宋代徽宗良岳亦有洲，洲中有玉麒麟景；苏州拙政园雪香云蔚亭所在洲渚的做法，后来在避暑山庄芳渚临流一景图咏中多少有所隐现，它"亭临曲渚，巨石枕流，湖水自长桥泻出，至此折而南行，亭左右岸石天成"。可见，洲渚岸型不是单纯的水面围护，而是与园林建筑小品、景栽等构成富有天然情趣的水局景。

岛，在园林里一般指突出水面的小土丘，属块状岸型。历史上宫苑中一海三山的做法实际上就是在水上筑小岛。北京圆明园的蓬莱瑶台、北海的琼华岛等均是较典型的园林小岛。在庭园中运用小岛之优者，如苏州环秀山庄的问泉岛、南翔漪园的小松冈、番禺余荫山房的玲珑水榭等，其所用手法多为：岛外水面萦回，水上板桥相引，岛心立亭榭，四周花木景石相配，形成庭园水局的兴趣中心，游人临岛观赏又能眺望周围景色。此种岸型与洲渚结构相似，但体量小，造型颇玲珑巧妙。

堤，常作园林水局的隔水功能，用以划分水景空间，属带状岸型。在大型园林中如杭州西湖苏堤、避暑山庄芝径云堤等，竟自成园中一景了。庭园里用堤甚巧，如广东顺德清晖园花径，以堤将一水分成两池，堤上纵砌花墙，一堤划成二道，成内庭与后庭。内庭借墙构水廊，后庭因道作花径，促成两种迥然不同的格调，使庭园空间组合更形丰多彩。

矶，指突出水面的湖石，属点状岸型。避暑山庄有"石矶观鱼"一景，苏州拙政园中"钓碧"亦属此类。以湖石作景，近代水局引用颇多，石较平者多置临岸处，供钓鱼、望湖，若有水栽相配，当为游人喜爱的摄影点。形状较古趣之石，常置池中，暗藏喷水龙头，溅水从石而喷，矶景尤新颖（图2.3.5）。若遇有光折现象，一彩虹相映，使景象极具奇趣。

158

图 2.3.5 矶景

沿水作岸称为池岸，属环状岸型。凡池皆有岸，花式繁多，一般分规则型和自由型两种。规则型池岸在国外古典庭园里用得较多，一般是对称布置的矩形、圆形或稍加修饰的各类规则图形平面。善于吸收国外手法的岭南庭园，如广东番禺余荫山房，其方池和八角环池的池岸（图2.3.6）即属此类。

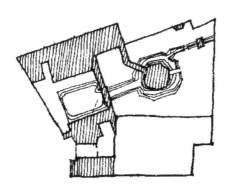

图 2.3.6 广东余荫山房池岸

我国传统庭园池岸多属自由型，它因势而曲，随形作岸。池岸多以文石砌就，或以湖石叠成，苏州狮子林的湖石池岸（图2.3.7）即是一例。它嶙峋突屹、兽状禽形的堆砌已有过分复加的感觉。

近年新建庭园的池岸形式各样，采用的材料也各有不同，如用白色水磨石作流线型的池岸，用小卵石贴砌的池岸，用大理石碎块嵌镶的池岸，用小石子铺成石滩形式的池岸，用人工灰塑的树桩、竹桩池

图 2.3.7　狮子林湖石池岸

岸，用人工灰塑成自然山石堆砌的山石式池岸，以及结合眺台处理的池岸等，这些岸式一般做得较精致，与小池水景很协调，且一池往往采取多种岸式，不同岸式之间的衔接，多以顽石处置，使水景更富于变化。

庭园水型和岸型的确立及其灵活自如的运用，在我国古代庭园中留下了许多可供借鉴之法，至今毫不逊色。据宋代李格非《洛阳名园记》载，董氏西园里"竹环之中有石芙蓉；水自其花间涌出"，并以"小路抵池，池南有堂，面高亭，堂虽不宏大而屈曲甚邃，游者至此往往相失"，构出所谓"迷楼"景。东园有"渊映潆水，二堂宛在水中，湘肤药圃，二堂间列水石"的做法，把一幅药圃构出可观的水局。吕文穆园"在伊水上流，木茂而竹盛，有亭三，一在池中，二在池外，桥跨池上相属"，景象又是一格。据宋代张淏撰《良岳记》载，宋良岳中"寿山嵯峨，两峰并峙，列嶂如屏。瀑布下入雁池，池水清泚涟漪，凫雁浮泳水面，栖息石间"，更是一番乡野情趣。清沈复"用宜兴窑长方盆垒起一峰，偏于左而凸于右，背作横方纹，如林石法，峣岩凸凹，若临江石矶状。虚一角，用河泥种千瓣白萍。石上种茑萝，俗呼云松……至深秋，茑萝蔓延满山，如藤萝之悬石壁，花开正红色。白萍亦透水大放，红白相间，神游其中，如登蓬岛。置之檐下……凿六字曰'落花流水之间'"，把水景缸做得意境深深，寓趣横溢。文震亨的《长物志》更有"屋中埋一缸，缸悬铜铃，以发琴声……岩洞石室之下，地清境绝，更为雅称"的"琴室"记述，为水局声景别开一渠。他认为"阶前石畔凿一小池，必须湖石四围，泉清可见底。中蓄朱鱼、翠藻，游泳可玩。四周树野藤、细竹，能掘地稍深，引泉咏者更佳"。他还提出筑小池"忌方圆八角诸式"，若池中设桥，应"精工不可入俗"，提倡"板桥须三折"，"石桥忌三环"，"草木不可繁杂随处植之，取其四时不断者，皆入图画"。可见，自古水局就臻于水石花木、声色意趣之巧构。

今天尚能赏识的古典庭园水局，诸如北海静心斋、苏州网师园、顺德清晖园等，我国名园中那种清幽若画、自然生香的水局景，向来颇受赞许。可喜的是，今天出现的庭园水局，仍闪烁着耀眼的传统光辉，赋予中国庭园水局以新的活力。最近竣工的广州文化公园"园中院"，就是现代庭园中涌现的醒目一例：

它以浩渺若海的满庭池水、神化若真的通壁浮雕、烙迹的岩岸、风韵的草堂和罩天的篓篓盆花，构出五羊仙造化广州的动人传说意境，使主庭水局景巧妙地结合在潇洒高雅的文韵中（图2.3.8）。

图2.3.8　广州文化公园园中院

它以峻峭的塑崖、飞泻的瀑布、高高的景亭、联壁的翠竹、深邃的潭水和那迷人的池底美人鱼，构出激人思发的岭南乡野景象，使后厅壁画与后庭水局交汇成章（图2.3.9）。

图2.3.9　园中院后庭景

它以奇趣的湖石、清澈的池水、畅朗的眺台、挂壁的花斗、庭外的丛木和随风摇曳的池面风车草，构出欲立欲蹲、似兽似仕的散石水景，使北庭水石染透当地古典庭园水局的风采（图2.3.10）。

图2.3.10　园中院北庭水石景

它以嶙峋突屹的英石叠山、兰蕨相配的蟠藤花木、折岸的小池、竹围的庭壁和那寓意深深的榻台憩椅，构出具有广州传统石谱的叠山胜景，使园中水局古朴清新。

它以俏立的圆雕、精美的清池、芳丽的花卉、颂景的浮刻和果叶遮天的塑木棚花，构出为大家喜闻乐见的荔枝女掌故意境，使瑰丽的南厅别出心裁地呈现水景乡情。

它以塑井为水型，配以虬枝古木，构出一场"沉香终自洁，酌水岂伤廉"的"廉泉"意境，使绚丽的贵宾接待厅无源而有水意，园趣颇富哲理（图2.3.11）。

图2.3.11 园中院廉泉景

它以涟涟波影、嶙嶙石滩、岩洞嵯岈、曲径绕宇和架上的时花吊壁挂，构出南疆海貌的意境，使前庭水局成为主庭空间的呼应景（图2.3.12）。

图2.3.12 园中院前庭景观

　　它还以地上涧桥、壁上滴泉、柱上瓶插，用层层框景相串，构出有趣的室内园景空间，使旧房改建的卡位茶座带来茗自杯中、景来座外之妙。

　　园中院如此精心构设多题材水局景，把占地仅4 000平方米许的展馆下茶座庭园，绘出"楼台笼海色，草树发天香；歌啸波光里，浮溪兴甚长"的岭南胜景，实在是可贵的探索。它不但启用了我国古典庭园水局中的池、潭、泉、井、瀑布、溪涧、景缸、水滩等各类水型和山岩、眺台、井栏、岩滩、折岸、泉壁、矶石、蹬步等各种岸型，还很有胆识地引进了画壁、浮刻和圆雕，开阔了室内园景，取得了室内外空间的有机演化，并赋予其生动的当地民间风情。虽然有些细节值得进一步推敲，但其古今中外为我所用的意旨，果有"留得三红翠，迎来四海春"的景效。如此在继承传统的基础上勇于创新之作，的确耐人寻踏。

四　广州文化公园"园中院"

　　花城广州，建筑历来与庭院有不解之缘。不管是三分院落、半壁墙垣，还是窗台、阳台、天台之类，总是奇花异卉、落英缤纷。这大概是亚热带气候环境所形成的风土人情。广州文化公园内新建了一座4层展馆，其首层开辟了一组"园中院"，有如迎春花市初露的新簇，芳晖夺人。

　　这组"园中院"占地4 095平方米，位于文化公园大门之右侧。外表被展馆罩住了，一眼视之没有什么夺目之处。但踏入前厅，回环于2台5廊9厅18院（图2.4.1）之后，难免流连忘返，思索着眼前出现的幕幕启示。

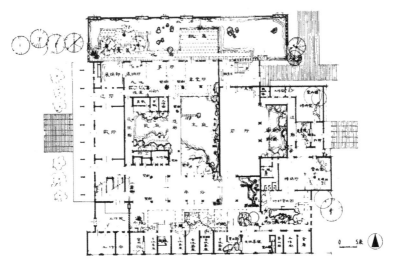

图2.4.1　"园中院"平面图

（一）题与意

广州庭园的造景选题个性分明。譬如：宅园求其静，别墅庭园取其幽，酒家庭园令其兴，宾馆庭园促其雅，旅游庭园尽其趣。"园中院"则以不寻常的意境，使全园命题巧妙地突出一个"文"字。它用典雅的"文"体、深趣的"文"意以及潇洒的"文"风来反映园的性格，体现庭园的主题。例如构设该园主庭（图2.4.2），没有套用常见的模拟自然山水的做法，而是选取羊城的传说为主题，构出五羊仙造化羊城的动人意境。寓意的典故，美妙的传说，使观众在各展馆参观之后倦意顿消，沉醉于一种极具文化感的美的享受中。意匠"五仙观"的南厅深处，隐现一位脉脉含情的"荔枝女"。明圃"草堂"的北厅，"榕树"林立，"花果"满园，与主庭上空光棚下的各式吊盆景，融汇成一曲悠然的岭南风情乐章。

图 2.4.2　主庭景观

可见，庭园的选题与立意一旦跳出静止的框框，不但可以很有情趣地体现该园"文"字这个主题，协调于文化公园的建筑性质中，而且使整个庭景丰趣而富于魅力，确系一例别开生面的可喜探索。

（二）陈与新

如何继承传统？又如何在传统的基础上创新？对这个问题，该园作了一番很有胆识的尝试。此园既是品茶休憩的场所，又是观众出入的地方，宾客流动频繁，属较典型的公共建筑庭园。其平面布局采取传统的具有中轴线的多院落式。但为满足使用功能的需要，东西两面均设置了出入口。西面为主进口，在统一门式的处理下，安排了正门和偏门，分别供展馆观众及茶座（和展销）顾客进入。两门之间，室内以过门相连，形成"封闭式"前厅的主入口处理方式。东面也设正门与偏门，但正门居前偏门处后，前者供贵宾出入，后者为展馆观众和茶座顾客出口，两者分立，形成带有传统手法的门廊与厅院结合的入口空间。内部的大小厅院以规则形的廊、桥、台、道组成迂回式流线（或称庭园的游览线），把东西两面的出入口有机地连通一气，形成一个使用功能分区明确、交通路线流畅、室内外空间变化多趣的既新颖又处处富有传统气息的庭园布局（图2.4.3）。

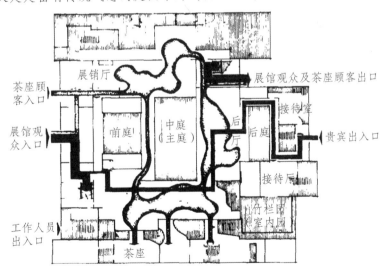

图 2.4.3 流线分析图

多方面地探索雕塑技艺在庭园的运用，是该园在摸索推陈出新方面的另一令人注目的尝试。

在我国传统的庭园内，很少见到浮雕和圆雕，而在国外的庭园中却是司空见惯。该园以古今中外为我所用的胆识，试图在继承我国雕塑艺术传统的基础上，吸取国外精华，并充分运用当前广州的雕塑技艺，去探求岭南庭园建设的新路。

它一方面用自然的太湖石、英石、腊石，在北侧水石庭和东侧竹围庭、芭蕉院，构出具有明显岭南传统的散石和叠山景；一方面以灰塑新技艺，在前庭、中庭（主庭）和后庭塑出带有"三峰石"气势的山石景。这些塑石不但形状逼真，且用本地的红砂岩、花岗岩色质，极富地方特色。

浮雕两壁，一在主庭，一在主厅。前者作为主庭的主题，在通庭塑石岩壁上雕出"五羊仙"的动人传说；后者作为衬体，在南厅东墙上烘托"荔枝女"的掌故。巧妙地吸取了我国石窟艺术的手法，使庭景和厅景具有传奇般的民间气息（图2.4.4）。

图2.4.4　"五羊仙"浮雕

人物雕塑也有两处，一立地上，一伏水中。亭亭玉立的"荔枝女"

（图2.4.5），如出污泥而不染的白莲，手捧鲜荔含情凝望的神态，把人们诱向壁上浮雕深情的陈说……成环盘睡的"美人鱼"（图2.4.6），潜于后庭的岩崖深潭中，骄阳直射，瀑帘击空，水影波光里隐显出珍珠般可爱的鱼美人，真激人思趣。

仿生的塑竹塑木技艺，广州已达真假难分的地步。你看那"竹栏"、"茅顶"、"草堂"、"榕木"，还有那精美的"瓜果"、翠郁的"绿叶"……将现代建筑的支柱层，变成花叶烂漫、泉涧轻流的岭南田园胜景，真是"虽由人作，宛自天成"。

图2.4.5　"荔枝女"雕塑景

图2.4.6　"美人鱼"雕塑

（三）放与收

在这个庭园里，其效仿传统的"收"、"放"的空间手法是显而易见的。譬如，庭园主入口在西面采取偏门方式，且设花池径道和竹栏小门（图2.4.7），企图把庭园的入口空间"收"缩到最大限度，造成一旦跨入竹栏门就如突然揭开戏幕，目不暇顾地展现偌大一个空间的主庭景象，这是欲扬先抑之法。有趣的是，东向入口空间没有重复此法，却以门廊—厅院—夹廊—后庭的空间序列，构设先放、后收、再放的三段层次方式。贵宾进来，迎面即赞芭蕉院里的"迎宾石"和接待室里的竹栏园（图2.4.8、图2.4.9）。当起身步入欲见尽头的夹廊时，转身只见山石巍峨，四面天光，顿时豁然开朗，诱得人神情激奋。如此数步之设，赢得庭趣深深，可见传统之光益发夺目。

图2.4.7　花径竹栏门

图 2.4.8　芭蕉院景

图 2.4.9　竹栏园内景

　　主庭与周围空间的组合，也竭力利用"收"、"放"之法去促成空间层次的铺设，并以不寻常的四境处理，构出多种空间的过渡和舒展。例如，庭南坡石滩上寓意五仙观的厅堂，以园门、花罩、柱檐挂落的通透处理，厅堂前后庭景互为因借，使主庭空间富有"收"而不尽之感。庭北虽亦以室内空间为过渡手段，但巧立"草堂"意境（图2.4.10），当人们的视线移到此地时，庭景如百川争流似的涌入"堂"前，穿过"花果"琳琅的支柱层，溢出通光的成片玻璃门，泻往敞朗的散石林池中，形成一脉既"收"又"放"的空间演化，予人一种节奏感。庭西用穿廊方式，把前庭的山石滩水胜界引入主庭，成为主庭空间的扩展，这与庭东全封闭的浮壁景形成了虚实空间的有趣对比。

图 2.4.10　北厅（茅厅）内景

（四）内与外

现代庭园不但引用于各类建筑领域，而且从室外逐步吸入室内，尤其出现在具有全空调设备的封闭围护结构的现代建筑中。为了满足使用要求和更好地发挥空间效果，这个庭园大胆采用了新结构、新材料、新技艺，用水、石、台、光栅、画壁以及雕塑等素材，开创了我国室内景园的新例。

它用大跨度透光网架、小开间的玻璃顶、间断式的波形塑料罩和竹架薄膜棚等构出了各式室内景园，使室内外空间融为一体，呈现出浓浓的现代感。例如主庭（参见图2.4.2），由于大面积的庭院上空架设了网架玻璃盖，阳光透顶而下，室内热空气循架空的顶檐而出，予人一种既是室内又是室外的感觉，细密的网架有若立体的天花纹样，吊盆悬空点缀，赤鱼水底游逐，那种高敞不觉空幻、顶盖不感闭封的空间效果，是以往庭式所不可比的。这也是广州庭园善于吸收国外因素的一个表现。

善于利用旧建筑物去修就景园，是广州庭园中常见的做法。此庭南列"卡座"是原文化公园的简易平房。现把其横墙适当打通作景窗互为渗透，让出适当面积作室内小景园，作为室内的相应借景，将其北纵墙改为开敞式，以间断式波形塑料罩把新展馆与卡座联系起来（图2.4.11）。这样，在总体上就构成了主庭空间的引伸和呼应的侧庭，在局部上却将室外序列小院和室内渗透景园有机地穿插在一起，使室外庭景与室内园色互为交错，融汇成章。

图2.4.11　茶座内外渗透景

壁画，我国亦有优良传统。但将壁画作为室内画园来处理，以达扩大室内空间效果之举，过去是少见的。该庭园的前厅和后厅均以画园的手法处理，将三个壁面满布画幅，由于选题不同，没有重复的感

173

觉，均取得了较好的意境和空间效果。如前厅，在面积不太大、三面墙壁的封闭式厅内，用羊城八景图作壁画，这不但有了合适的前厅主题，而且消减了厅的封闭感。后厅也是一面敞开三面壁的厅（图2.4.12），由于与后庭的有机结合，壁画成为庭景的延伸，它取竹为题，绘得旷野幽深。人们在这个厅院里，如入神奇的幻境：悬崖壁立，野林深邃，飞瀑跌落潭池，人鱼深藏水底。庭中石上刻着："让智慧发光"——多好的选题！多趣的构思！多巧的技艺！多妙的结合！不但予人以美的享受，而且使人得到教益。这在造型空间和精神境域上，确系匠心独到。

图2.4.12　后厅后庭景

五　隆中风景区诸葛草庐规划

（一）风景区的性质

以诸葛草庐为主的文物名胜景区。

（二）规划设计的指导思想

在尊重史迹、保护风景的前提下，突出修复诸葛草庐主题，尽力再现孔明隐居环境，促成各名胜古迹的合理保存，使隆中风景区的胜迹效能得以充分发挥，以适时代之需。

（三）总体规划要点

1．确立主题

隆中风景区以孔明隐居、刘备三顾草庐而著称于世，自古慕名来此瞻仰者不绝。憾自明弘治二年（1489 年），襄简王朱见淑抢风水霸庐为墓后，诸葛亮故居经数迁均不得体，原址成为历代权贵借龙奉己之场所，隆中流离于六神无主之态，又受到蚕食、公路横插，木被伐、石遭炸，不该闯入的单位破景纵横，昔日隐居天地几乎已至无庄无境的地步。隆中风景区现状见图 2.5.1。

"山不在高，有仙则灵。"以诸葛隐居而名之隆中，势必面对现实，尽快结束长期混乱的喧宾夺主现象，为主相地复原，再现隆中风采。

2．消减干扰

目前纵贯全区的货运公路，是大伤风景的干扰轴，拟离开景区改

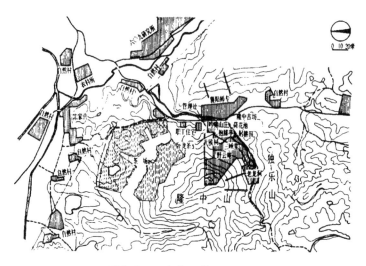

图 2.5.1 隆中风景区现状图

道。开山炸石、伐木毁林现象应即制止。不合景区设立的单位应迁出景区，能利用者改作景区设施。小摊贩、停车场应于出入口的合理地段设立，区内拟设供文化交流服务的文化广场，区外专辟各类风味的买卖街。青少年文娱活动场地宜远离文物景区，以保持主景区内的清幽气氛。

3. 扩大范围

现有风景区面积 2.18 平方公里，可旅游面积仅 10 公顷，按本区初现的高峰日容量 21 000 人计，每人可旅游面积平均只 4.76 平方米，何况旅游量正呈上升趋势，不加改变是不堪设想的。

现有景区外围由于不受风景区管理的约束，各行其是，势必殃及池鱼，损毁景区。为恢复和保持原有隆中风貌，适应时代需求，宜将大旗山、乐山、隆中山全纳入景区，将风景区面积恢复至 7.3 平方公里。隆中景区总体规划见图 2.5.2。

4. 明确游览路线

目前由于范围小，景无主次，成景之物又都无秩序地挤在一块，

176

图 2.5.2　隆中风景区总体规划图

游览路线无从组织。

规划后以一主三支线路组合，形成环形支状体系。

主线：入口→隆中古坊→诸葛草庐→老龙洞→原址古迹景区→出口。

支线：诸葛草庐→乐山→植物园、盆景苑→青少年宫苑。

支线：老龙洞→隆中山顶→原址古迹景区。

支线：原址古迹景区→大旗山→青少年活动场。

（四）诸葛草庐设计

1. 依据

（1）历史记载

诸葛亮家处于南阳邓县，在襄阳西二十里，号曰隆中。（习凿齿《汉晋春秋》）晋永兴中，镇南将军刘弘至隆中，观亮故宅，立碣表间（《三国志·诸葛亮传》裴注引《蜀记》）。襄阳有孔明故宅，有井深五丈，广五尺，曰葛井。堂前有三间屋地，基址极高，云是避暑台。宅西面山临水，孔明常登之。鼓瑟为梁父吟，因名此为乐山。（习凿齿

177

《襄阳记》）沔水又东径隆中，历孔明旧宅北，亮语刘禅云："先帝三顾臣于草庐之中，咨臣以当世之事。"即此宅也。（《水经注》）……循岭一支绕而东，隆耸空洞曰隆中。《舆地表》云：隆中者、空中也……山畔为草庐，江石南题其碣曰："龙卧处。"……山址为抱膝石，隆起如墩，可坐十数人。石下为躬耕田，躐小虹桥至老龙洞皆是。（《万历襄阳县志·山川》）

自昔爱止，于焉龙盘，躬耕西亩，永啸东峦，迹遗中林，神凝岩端。（习凿齿《诸葛武侯宅铭》）

臣本布衣，躬耕于南阳，苟全性命于乱世，不求闻达于诸侯。（诸葛亮《前出师表》）

玄卒，亮躬耕陇亩，好为梁父吟，身长八尺，每自比管仲、乐毅。（《三国志·蜀志·诸葛亮传》）

沔南人相传诸葛亮隆中时有客至……见数木人斫麦运磨如飞，遂拜其妻，求传其是。（《虑衡志》）

《三国演义》云：襄阳城西二十里，一带高岗枕流水。高岗屈曲压云根，流水潺溪飞石髓。势若困龙石上蟠，形如单凤松阴里。柴门半掩后茅庐，中有高人卧不起。修竹交加列翠屏，四时篱落野花馨。床头堆积皆黄卷，座上往来无白丁。叩户苍猿时献果，守门老鹤夜听经。囊里名琴藏古锦，壁间定剑挂七星。庐中先生独幽雅，闲来亲自勤耕稼。

山不高而秀雅，水不深而澄清，地不广而平坦，林不大而茂盛。

将近茅庐，忽闻路旁酒店中有人作歌。

到庄前，下马亲叩柴门……一跟童子入中门……门上大书一联：淡泊以明志，宁静而致远。……见草堂之上，一少年拥炉抱膝……

骑驴过小桥，独叹梅花瘦。……当头片片梨花落，扑面纷纷柳絮狂。……见先生仰卧于草堂几席之上……更衣，遂转入后堂。……命童子取出画一轴，挂于中堂。

（2）基地状况

原址状况：诸葛故居被明襄王墓地所占（墓尚未开发）。今墓前立一重檐碑亭，标示诸葛草庐原址。原六角"葛井"已干涸。周围已被历代所建之武侯祠、三顾堂、抱膝堂、野云庵（现称卧龙深处）、龙卧处亭、吟啸山庄、卧龙茶社、管理处等建筑物所占，就近还设襄阳师专、永清楼、停车场、职工宿舍等，公路直穿景区，台阶、花坛重叠而设，梁父岩被毁，半月溪、"躬耕田"几乎看不到痕迹。那种"淡泊"、"清幽"的草庐环境已失，留下的是隆中风物演化的古迹群落。

新址状况：此处系隆中山与乐山尾接之地，名曰龙稍，离原址约1公里，它三面环山，一面向老龙洞方向敞开，是块微坡坦荡、约2万平方米见方的谷地。前沿有洪沟可作水系，仍倚隆中山，面对独乐山，适应原址地势。山上林木苍郁，地上野草芳香，下有梯田，以有"躬耕"意，就近高家碥子可供水源，环境现状很是清野幽静。

（3）建筑形式

汉代砖刻：亭——下有两柱，柱顶有斗拱，顶部有朱雀和飞鸟（图2.5.3）。重檐阙（图2.5.4）。重檐厅堂（图2.5.5）。重檐"四阿顶"建筑，檐下有栏杆，下有二人持剑击刺（图2.5.6）。庭院一中轴线上有四阿顶建筑一座，左侧门与后院相通（图2.5.7）。隆中民居（图2.5.8）。襄阳古亭（图2.5.9）。

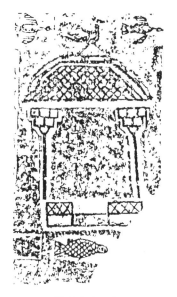

图 2.5.3　亭

图 2.5.4　重檐阙

图 2.5.5 重檐厅堂

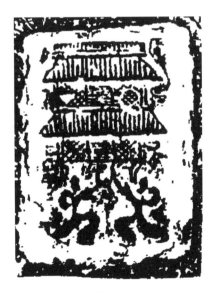

图 2.5.6 重檐"四阿顶"建筑

181

图 2.5.7　庭院

图 2.5.8　隆中民居

图 2.5.9　襄阳古亭

2.　选址

原址已被历代建筑所占，隐居环境全失，欲在原址恢复草庐，势必毁弃现有历存建筑，抹去隆中历史，造成因主失次、顾此失彼的非历史客观状态。

在原址附近的龙稍，有恢复诸葛草庐环境的条件，能满足史记、文传中所描绘的情景，若在原址适当保存标志的措施下，此处尽量重现孔明隐居原态，可既尊重历史又能满足游览者的吊古心理，对风景、游览线的组织亦较合理。

拟定龙稍为恢复诸葛草庐的基地。

3.　布局

诸葛草庐系孔明青年时期十年隐居之地（建安二年至十二年，公元 197—207 年），是他避开乱世苦读、躬耕、"闻得失"、"见启诲"的地方。他认为"非淡泊无以明志，非宁静无以致远"。（诸葛亮《诫子书》）伯仲伊吕，自比管乐，终得汉室受用，驰骋奇才，誉溢古今。

183

欲再现诸葛草庐环境有三必依：

一依史据——尊重历史，忠实其人、其志、其境。

二依传说——《三国演义》家喻户晓，顺史实所渲染的"三顾茅庐"情状，历历在目，游者无不一睹为快。

三依地状——相地龙稍，背山临水，甚富隆中韵。在原址不得修复的情况下，亦可再现昔日之景。

其布局的具体体现如图 2.5.10、图 2.5.11 所示。

图 2.5.10　诸葛草庐鸟瞰

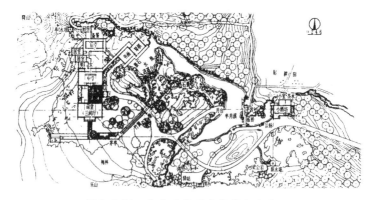

图 2.5.11　隆中风景区诸葛草庐总平面

184

按情节层次：

"将近茅庐"，"路旁（有）酒店"。以小酒坊作景前之序。

"到庄前，下马"。旁设系马驴之驿站。

"骑驴过小桥，独叹梅花瘦。"将沟壑引流作"半月溪"，架"小虹桥"，桥头种梅梨，溪间插柳絮。"当头片片梨花落，扑面纷纷柳絮狂"，促成庄前幽境。

"叩柴门"，"跟童子入中门"，"遂转""中堂"、"后堂"，此乃草庐主体，以前堂（"前有三间"）、中堂和后堂为主线构成。进院以柴门相设，正门以前、中二堂之间的"中门"处之，后堂连接居堂、厨膳，顺延后院，利用跌水，设水车以济"矼麦运磨如飞"。

"故宅，有井"，"堂前有三间屋地，基址极高，云是避暑台"，拟后院设"葛井"，堂前建"避暑台"，台上有乘凉的茅亭，与柴门呼应，并以竹篱野卉相衬，成"修竹交加列翠屏，四时篱落野花馨"庄韵。

"面山临水，孔明常登之，鼓瑟为梁父吟，因名此为乐山。"将"半月溪"引至乐山脚，利用乐山麓原旧水塔塑成"梁父岩"，供"永啸东峦"。

"躬耕陇亩"，经板桥至陇亩躬耕，间设茅舍，既作耕间歇，又充实茅庐景致。

"襄里名琴藏古锦，壁间宝剑挂七星"，"座上往来无白丁"。以琴棋书画间相设，达社交广识情趣。

按地势朝向：

拟三轴构成：以前、中、后三堂组成东南主体轴，维持坐北朝南的民间传统格局。

以小虹桥、柴门、卧龙亭组成东南导向轴，以求游导亲明。

以小酒坊、茅舍、中堂组成东西地状轴，以适凹形地貌的轴线构图。

草庐非规宅之筑，宜以民俗为本，结合东北水局，取45°轴线洒脱构成，予人有奇才适其境之感。加之地面起伏、溪涧绕流、桥亭趣设、野卉翠林相配，隐居境显矣。

按功能安置：

以东南导向轴为界，西南为静域，东北为动区，达草庐环境的清幽素质。

以竹篱为屏，门外为畅游地，门内为茅宅境，内外互幽韵，功用自抒发。

4. 建筑格式

诸葛草庐的建筑格调与形式，是反映史实、反映诸葛亮个性的较直观手段，是设计中的敏感环节。本设计凭着对汉代砖刻庭园建筑图文史料的理解，凭着对有关诸葛亮在隆中生活史据与文传的理解，凭着对襄樊市附近民居的理解，凭着以现代旅游对草庐修复需求的理解等，作出如下表达：

针对草庐主体建筑（包括三堂、居室、厨膳部分），提出三种方案：一以汉代"四阿顶"形式（图2.5.12），一以当地硬山民居形式（图2.5.13），一以当地悬山民居形式（图2.5.14），均作瓦顶考虑。

图2.5.12　隆中风景区诸葛草庐设计方案1

186

图 2.5.13 隆中风景区诸葛草庐设计方案 2

图 2.5.14 隆中风景区诸葛草庐设计方案 3

草庐环境建筑（包括小酒坊、茅舍、柴门、茅亭甚至琴棋书画间），均以仿茅屋形式建造，以获茅庐环境气氛（图 2.5.15 ～ 2.5.18）。

图 2.5.15　隆中风景区诸葛草庐小酒坊设计

图 2.5.16　隆中风景区诸葛草庐茅舍设计

图 2.5.17 隆中风景区诸葛草庐柴门、茅亭设计

图 2.5.18 隆中诸葛亮吟诗亭

建筑小桥、驳岸、泉井、山石、园道、园凳、铺装之类，以顺其自然为准则，与建筑环境协调组合，取得古朴野趣的效果。

建筑材料及装修，简朴洒脱，以求"淡泊"素质。

建筑色彩及陈设，清雅为之，以求"宁静"效应。

植物配置尽力顺乎史据、文传情景，并与建筑、山体有机构成。

草庐管理人员拟仿古经营，增添古趣。

第三部分 小 品

一 关于园林建筑小品

园林建筑小品是园艺师和建筑师经常碰到且往往偏爱的东西。她像活跃在文坛上的小品文、乐场里的小舞曲那样，为人们所喜闻乐见。每到一处，当地的珍品总要把人吸引住，使人一番周旋、一场异议、一餐赏识。譬如，进城一块景牌、市面一席绿栽、候车一列敞廊、门前一组灯景、入屋一具趣石、厅旁一孔景洞、院内一壶天地、园中一池镜水、水面一线飞桥，等等，真是无奇不有，难怪无人不赏，无人不爱。

可惜，长期以来，对于这些闪烁在身边的珍品，很少有人去系统地搜集、综合、分析和研究。

本来，我国在造园领域不但在实践上，而且在理论上都有辉煌的成就，这正是园林建筑小品的研究和发展之源。国外的园林建筑小品在实践上也有相当的发展，但据目前了解，也没有关于园林建筑小品方面的专著。其实，这个课题无疑应为今天的园艺家和建筑师所探索。因为，在造园上大有大的用处，小有小的作为，特别是空间理论正在形成和发展的今天，如何使造园的理论和实践有更大的发展，园林建筑小品的研究，自然就提上了日程。

当前，祖国各地的建设到处生机勃勃。急速发展的旅游事业迫切要求进一步搞好园林建设，园林建设中的园林建筑小品已经引起了人们广泛的重视。

"小品"一词最早来自佛教经典，其意思是详细的、大部头的经典叫大品，简略的、篇幅较小的经典叫小品。譬如鸠摩罗什译的《摩诃般若波罗蜜若经》有两种，一种二十七卷本，一种十卷本，前者叫《大品般若经》，后者叫《小品般若经》。今天，在文学上把随笔、杂感之类的短篇文章叫小品文。建筑小品的含义，从广义说，按此类推亦可得出一般的理解。

明代园艺大师计无否著的《园冶》中有这样的叙述："江干湖畔，深柳疏芦之际，略成小筑，足征大观也。"现在看来，这个"小筑"就是园林建筑小品的意思。该书开头的"园冶识语"中写道："掇山一篇，为此书结晶，内中如园山、厅山、楼山、阁山、书房山、内宝山诸条，确为南中小品……"说明了计无否所写的掇山，是南方园林中的"小品"。

诚然，园林建筑小品远不止南方的"掇山"和"江干湖畔"的"小筑"，特别是园林建设为广大劳动人民服务的今天，其内容和形式均有了很大的"充实和发展"。因此，不能单从形式推理上去理解，把一般的没有意境的小建筑泛指为园林建筑小品，也不能把建筑小品误认作普通的建筑装修。

客观实践表明，建筑小品是一种功能简明、体量小巧、造型别致、带有意境、富于特色，并讲究适得其所的精巧建造物。它在基本建设和风景造园上花钱不多，却能美化环境、丰富园趣，并为群众提供文化休息和公共活动之方便，使人们获得美好的感受和良好的教益。因此，它既需要一定的建筑技术和造园技术，又需要一定的造型艺术和空间组合；它有一定的局限性，又有相对的独立性；它是形成完善的建筑空间和造园艺术的不可忽略的组成要素。

目前，我国的建筑小品可分成两类，一是城市建筑小品，一是园林建筑小品。园林建筑小品寓于园林建筑和园艺造景之中。它不是造园的主体，而是造园的副体，是园林建筑和园艺造景的局部和配件。在造园技艺上，它不起主导作用，而是起着点缀、陪衬、换景、修景、补强、填白等丰富造园空间和强化园林组景的辅助作用。一个成功的园林建筑小品，能够景到随机、不拘一格，使人为的有限空间赢得天然之趣。

诚然，大小之分、作用之说是相对而言，不可能按斤论称的。一般说来，除了不带观赏造型的行政和生产用房外，园林中的建筑物均属园林建筑。园林建筑中体量小巧者被列为园林建筑小品。譬如，亭是一种园林建筑，不论它采取何种形式，总有体量大者与体量小者之分，其体量小者便被视为园林建筑小品。例如：广州烈士陵园中，处于湖边拐角的坡地上，供游人休憩和观赏的精巧的三角亭便是园林建筑小品，而处于该园主轴线上，体量大的主体建筑之一的中朝友谊亭，就不能称为园林建筑小品了。

此外，由园林建筑的局部（如入口、隔断、小院、梯景等），配件（如景洞、景灯、景牌、小桥、池岸、栏杆、铺地、园凳等）与水池、景石、花木构成小景者，亦称为园林建筑小品。这是园林建筑派生出来，渗透到园艺造景范畴的东西，已不纯属园林建筑的了。

因此，园林建筑小品在造园上，小而不贱、从而不卑，有它的特殊位置。从某种意义上说，它是造园两大要素（园林建筑和园艺造景）间理想的媒介物。有了它，园景更加多姿，绿化更加标致，建筑更加生趣。

园林建筑小品非始于今日。

我国辉煌的造园史，是我们今天造园的丰富宝库。有关的记载可以追溯到公元前一千多年，《诗经》中关于"经始灵台，经之营之"，"王在灵囿，麀鹿攸伏，麀鹿濯濯，白鸟鹤鹤。王在灵沼，于牣鱼跃"

的记载，就是描述以狩猎为社会生产、生活主要方式的西周奴隶主周文王，要奴隶建"灵囿"营百兽，供其猎兽嬉禽之乐的情景。今天看来，那个"灵囿"是个能困禁百兽的天然动物园，那些"灵沼"、"灵台"就是园林建筑的雏形，也就是园林建筑小品的原身。

随着社会的发展，奴隶社会的"囿"发展到封建社会宫廷的"苑"和才子佳人的"园"，园林建筑小品的内容和技艺也得到极大的充实和发展。譬如秦始皇的上林苑能"醴泉涌于清室，通川过于中庭"；汉代袁广汉私园中"构石为山"、"激流水柱"；唐玄宗的尚书王维的"辋川别业"里的亭馆桥坞，已与天然景色、诗情画意融成一体了。历史上遗留至今、为大家所熟知的宫廷名园和私家庭园中，亭台楼阁、径桥廊榭、云垣洞景、栏绘边饰、锦屏绿障、鼓凳棋台、叠山跌水、什锦铺地等园林建筑小品已觅拾皆是了。这些瑰丽的珍品，铭刻着封建统治者挥金如土、荒淫无度的罪证，也表现了千千万万劳动先祖们智技横溢、巧夺天工的奇艺。这些宝贵遗产，无疑已成为今天园林建筑小品创作的借鉴。

新中国成立后，园林建设为广大劳动人民服务，性质上与旧式园林已根本不同了，园林建筑小品的内容和形式，在传统的基础上有了很大的变化和发展。

到目前为止，园林建筑小品大致可以归纳为如下 17 项。

（一）亭

亭是供游人停憩的地方，历来选址精心，营造奇巧，十分讲究与自然的结合。

有苍松蟠郁、按景山颠的山亭（图3.1.1）；

有板桥周折、安居水际的水亭（图3.1.2）；

有轻骑隔水、假濮河上的桥亭（图3.1.3）；

有通幽竹里、镜作前庭的岸亭（图3.1.4）等。

图 3.1.1 广州白云山悬岩亭

图 3.1.2 杭州西湖水亭

图 3.1.3　广州流花湖桥亭

图 3.1.4　广州流花公园岸亭

　　它们都随势立基，按景造式，促成园林空间美妙的景组和丰富的轮廓线。

　　亭的形式千姿百态、丰富多彩。据说有位外国朋友到中国来，看到各种精美的亭子，就想搜集整理成一本《百亭篇》。其实何止百亭！但就亭而论，确实值得专门去搜集、整理、研究一番。就属园林建筑小品范畴的亭式而言，我们可以大体上归出 6 种典型：

　　单柱的伞亭（图 3.1.5）；

　　三柱的角亭（图 3.1.6）；

四柱的方亭（图3.1.7）；

五柱的圆亭（图3.1.8）；

六柱的重檐亭（图3.1.9）；

骑岸的楼亭（图3.1.10）。

图 3.1.5　上海伞亭

图 3.1.6　广州角亭

图 3.1.7　杭州方亭

图 3.1.8　沈阳圆亭

图 3.1.9　南宁重檐亭

图 3.1.10 广州晓港楼亭

这六种亭式，风格迥然不同。其中一些亭式，还可从其自成演化的体系中看出其发展的某种趋向。如近期出现的单柱伞亭中，演化出桂林杉湖的蘑菇亭、天津水上公园的廊亭、无锡的站亭等，从个体亭逐步发展成群亭和联亭，来适应其新功能的需要。

圆亭、多角亭、重檐亭等均是传统的钻尖顶亭式，各地有各地的风格。但有个总的趋势：由于结构和材料的改革，亭式变得越来越简洁了。如沈阳中山公园圆亭（图 3.1.8），不那么浑厚了，广州烈士陵园角亭（图 3.1.6），轻巧得几乎要飞起来了。

由于装修材料和技艺的革新，广州地区还用钢筋混凝土预制构件创造了塑竹亭（图 3.1.11）、塑木亭（图 3.1.12）、塑茅亭（图 3.1.13），以及用水泥预制筒瓦、脊瓦、滴水等构件制作的各式亭子，别致而新颖，在结合自然景貌上取得了良好效果。

图 3.1.11 塑竹亭

199

图 3.1.12 塑树皮亭

图 3.1.13 塑茅亭

　　亭的变革更显著的还在于，因亭的功能的发展所引起的亭式变化，使亭的机能更有生命力，同时也使园林中的服务设施更富于园林色彩。一如广西桂林芦笛岩的书报亭（图 3.1.14），上海西郊公园茶水亭（图 3.1.15）、桂林盆景园展览亭（图 3.1.16）、哈尔滨动物园摄影亭（图 3.1.17）等，尽管从中仍可发现某些传统的因素，但从发展趋势上，已经冲破原有亭式的格调，给亭的发展开辟了一条新的渠道。

图 3.1.14 桂林芦笛岩书报亭

图 3.1.15 上海西郊公园茶水亭

图 3.1.16 桂林盆景园展览亭

图3.1.17　哈尔滨动物园摄影亭

（二）榭

在古代园林里，榭的建造与周围景致密切联系在一起，"榭者，借也，借景而成者也。"将榭设在莲池边或花丛里，可供人赏花、眺景之用。榭四面敞开，平面形式比较自由，而且常常与廊、台组合在一起。居于池岸的水榭往往与曲桥相连，遥望远亭，水天一色。

由于榭具有与景密切、形式灵活的特点，在公园里得到了广泛应用。如广州越秀公园水榭（图3.1.18），在山腰一窝地上，四面敞口，前挖一池，基石点缀，假泉涌底而泻，游客翻山而至，忽现水光山色，又觉另一番天地。上海西郊公园荷花池榭（图3.1.19），利用地形高差，将廊、台、榭组合在一池香荷之岸，为动物园巧添美妙的插曲。桂林杉湖岛水榭（图3.1.20），为了协调该岛形体，采用圆形组合体，用厅、廊、台有机构成几何体。台外濒水，台中留池，增添不少榭中景趣。

图 3.1.18　广州越秀公园水榭

图 3.1.19　上海西郊公园水榭

图 3.1.20　桂林杉湖岛水榭

203

此外，以水榭形式作游艇码头、摄影部、节日游园舞台等，不但适于一定的功能，而且常常获得良好的组景效果。广州华南植物园接待室水榭、南宁盆景园水榭以及广州兰圃水榭等，都取得了较好的造园效果。实际使用效果表明，水榭在南方园林造景上有着广泛发展的前景。

（三）廊

廊是带形建筑，供人们漫步赏景、坐歇观览，视阈宽广而又不淋雨。因此，特别讲求与地形地貌的结合，最忌僵直呆板。它随形而弯，依势而曲，或蟠山腰，或穷水际，演化出各种廊式。如步廊、曲廊、水廊、桥廊、花架廊等，使一条本来较为单调的狭长空间，错落辗转于园林之间而不觉乏味。例如：沿石坡拾级而上的西樵冰室步廊（图3.1.21）；逶迤于山凹，连接餐厅、客房的白云山庄曲廊（图3.1.22）；一线展开，悬于湖岸的流花公园水廊（图3.1.23）；隔水飞架，借景荔湾湖光的泮溪酒家桥廊（图3.1.24）；奇花蟠架，絮景当荫的大连花架廊（图3.1.25）；独出心裁，别有一格的上海金鱼廊（图3.1.26），等等。

图3.1.21　广东南海西樵冰室步廊

图 3.1.22　广州白云山庄曲廊

图 3.1.23　广州流花公园水廊

图 3.1.24　广州泮溪酒家桥廊

图 3.1.25　大连花架廊

图 3.1.26　上海西郊公园金鱼廊

　　这些廊式不但各具特点，而且颇有新意。此外，南宁的中草药标本展览廊，上海的报廊、画廊，以及各地普遍采用的各式休息廊等，有的不但扩大了廊的功能，而且丰富了廊的造型，使廊在造园组景上发挥了更大的作用。

（四）小桥

　　驾桥通隔水是造园技艺常用的手法之一。它在平静的水境绘出可变的低视阈空间。特别是借助于小船漫游，出现动态的有趣画面。属小品性的桥，虽非那种高架远跨一类，其在庭院式的小水面上，巧铺一片薄拱，或三两平板相折，顽石趣放，景树妙生，实有另一番情趣。譬如，广东江门齐放馆三曲桥（图3.1.27），不但铺设合宜，而且用彩色水泥灰浆塑出来木纹、松桩，使钢筋混凝土预制构件做得粗而不陋，扮而不俗，还带有三分野趣。广西梧州小北公园小拱桥（图3.1.28）和广州流花公园薄拱桥（图3.1.29），造型轻巧，与景石、景树和池岸相配，组成一组极好的意境。由于制作精致，这些桥景还富有很浓厚的工艺风格，使游客乐于在此逗留。

图3.1.27 广东江门齐放馆三曲桥

图3.1.28 广西梧州小北公园小拱桥

图3.1.29 广州流花公园薄拱桥

小桥配景，不宜对称站列摆设，要善于点缀，方能使桥景生动有趣。广州兰圃板桥下巧置景石，不但可破呆板格局，还可增加安全感。

在风景园林里，可以结合山石架石桥，以加强山势，丰富园景。广东汕头风景区里，在山石之间巧架一座石板桥，与自然景色十分和谐。桂林芦笛岩的天桥、扬州瘦西湖的小虹桥以及北京紫竹院的拱桥均属体量较大的桥，在较大的水域（或山域）空间里，常用较新颖的流线形式去处理桥型，以充分发挥钢筋混凝土桥的效能，因此，与旧式拱桥相比，有较大的改变。

（五）楼阁

重屋为楼，四敞为阁。风景胜地布局的传统技法是，将楼阁置于"层阴郁林之中，碍云霞而出没"。既供游人攀高俯景，又使自然景色更具诗情画意。

桂林伏波楼（图3.1.30）位处伏波山，依半山峭壁而筑，踞高凌空，气势颇为险峻。该建筑素瓦粉墙，引石入室，与自然景色结合得十分协调。它正面是带形窗、大眺台，景面十分开阔，俯视漓江奇境，平眺七星群峰，使伏波山景致更加俊秀。

图3.1.30　广西桂林伏波楼

广州越秀公园奕阁（图3.1.31）又是另一种风格。它以底层支柱层为手段，把周围景色尽收于内，登上一层楼，可饱览羊城春色。楼前水池相配，右侧花廊相依，室内外空间相互渗透，山阴水影相互呼应，颇有一种清新畅怀的雅境。

图3.1.31　广州越秀公园奕阁

桂林桂海碑林（图3.1.32），是珍藏古代碑刻的胜地，这里用围廊高阁的形式，不但颇具古色，且与岩前自然造景十分合拍。

图3.1.32　广西桂林桂海碑林

近年来，许多风景点的贵宾接待室采取楼阁的形式，一方面出于实际需要，供贵宾歇脚瞭望之用；另一方面为园林添景，加强园趣。

无锡太湖大矶接待室、桂林芦笛岩芳莲岭休息室等均属此类。它们的使用大多数是楼上接待贵宾，楼下为普通游客使用。有的兼作冷饮、茶室或小卖部。这些建筑物在造型上均较讲究，一般以协调景色为设计主导思想者，较能获得好的效果。反之，若在完整的风景区里，不顾整体格调去标新立异、喧宾夺主者，不但个体建筑告败，还糟蹋了当地景致，成为长痛之疾。

（六）景洞

景洞系景门和景窗的统称。

景门一般指山门、什锦门及带一定组景的公园大门、过门和侧门。什锦门包括圆门、多角门、如意门、汉瓶门、月牙门、贝叶门、莲瓣门、花环门、椭圆门、方门及其他各种不规则景门等。

景窗即各式什锦窗，如圆窗、椭圆窗、腰鼓窗、片月窗、多角窗、书卷窗、博古窗、贝叶窗、如意窗、花窗及各种形式的景窗等。

建筑空间和园林空间的组合、分隔、过渡和渗透，常借景洞之技艺。寓大于小，小中见大，使有限的空间具有无限的感觉。这种实例，在古代园林中比比皆是，而且常常达到十分美妙的境界。近几年来，各地出现了不少优秀的景门、景窗作品，它们在传统的基础上有可喜的创新。如桂林七星岩"拱星"山门（图3.1.33），数级踏步，一墙照壁，急转平台，门不正照，侧体拾级而上，把人的视线逐一引入岩口。简朴清雅的门式点缀在翠绿的月牙山下，显得格外协调。广州兰圃圆门（图3.1.34），设于云墙之中，门的两侧粉墙上巧塑蕉叶两片，门的左前方，恰留乌桕古树一棵，冬春落叶复芽，酷似点景盆栽；进门目到之处，巧置一具迎宾石，含意尤深。广州东湖公园椭圆门（图3.1.35），景树相衬，顽石旁配，清雅而富风趣。广州东方宾馆支柱层庭园过门（图3.1.36），利用钢筋混凝土抗震墙开设门洞，划分了通长的支柱空间，过渡到室外水石景。这种自由格局的门式带有较强的现代感，与东方宾馆的建筑风格协调一致，它在空间处理上比较开敞，比例尺度及线型处理均与旧式不同。近来新建筑中大空间的分隔，常常出现这种手法。

图 3.1.33　广西桂林"拱星"山门

图 3.1.34　广州兰圃圆门

图 3.1.35　广州东湖公园椭圆门

211

图 3.1.36　广州东方宾馆过门

　　景窗的设置比较自如。桂林盆景园里有壁龛式、博古式、花格式及普通什锦窗式等多种，以此展出各式盆栽和组合展场空间的相互渗透。如图 3.1.37，进门一处古木奇栽，景窗衬后巧设，很有画意。广州西苑利用旧屋拆下的彩色玻璃来饰景窗，既有新意又放古彩（图 3.1.38），人们在此的感受，就像欣赏一曲悦耳的民歌一样。广东新会盆艺园，以竹片装饰博古窗，在质感上不同一般（图 3.1.39），使俏丽的窗式带有乡土风味，别具一格。

图 3.1.37　桂林盆景园景窗

图 3.1.38　广州西苑景窗

图 3.1.39 广东新会盆艺园景窗

（七）景梯

由于材料的不同和结构的创新，突破了古代园林中梯级处理的局限，出现了许多优美的景梯，而且作为具一定景致的园林建筑小品，装点在整体布局之中。

广州南园飞梯（图 3.1.40），利用隔层空间，在光棚水庭中飞一旋梯，景石绿化相配，光投波影相和，使此园中园变得更加栩栩如生。上海西郊公园接待室，在小小角落里安置转梯一跑，水池半边，铁树一丛，在阳光透窗而射的绚丽气氛中，同样获得美妙的意境。

图 3.1.40 广州南园飞梯

　　广州三元里矿泉客舍的悬臂跑梯（图3.1.41）建于支柱层一端，露天水景之上，台池结合，内外相衬，构成另一梯景，点缀在整个庭院之中。此法在许多地方的庭院中出现，使一些露梯获得较好的效果。广州友谊剧院角梯（图3.1.42）用非常简练的梯型，配以小水池，既防止行人在梯底撞头，又大大转移了梯板视阈，使人们的视线落到水池之上，达到整梯美化的景效。

图 3.1.41　广州矿泉客舍悬梯

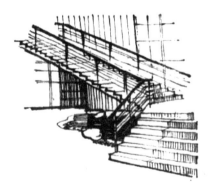

图 3.1.42　广州友谊剧院角梯

　　景梯之秘在于景，脱离了一定空间和景致，是无法形成组景的。因此，引用景梯不能生搬硬套。完整的梯型只有在一定的空间才能成立，离开了周围的条件，就失去了设计的依据。

（八）小院

小院是房屋之间过渡空间的一种处理形式。园林建筑常常利用小院的独特作用来改善室内小气候，并丰富其空间处理。南方地区气候湿热，自古以来就有小院，甚至普及到住宅建筑之中。

诚然，所谓小院不能泛指为小天井，它是具有一定景组的小院子。

例如广州中山纪念堂贵宾接待室里，用曲廊、过厅、接待用房等组合三个不同处理的小院（图3.1.43），廊前一处草坪，厅旁一池清水，室间一席露地，各有各的风采。广州瑜园在楼上以厅院结合的方式，建一光棚小院（图3.1.44），不但在功能上很好地解决了各餐室之间的联系，还巧妙地利用水池、绿化、池岸、景石，使人们宴坐楼厅，俨居院外，室内外自然结合的技艺达到了新的境界。

图 3.1.43　广州中山纪念堂接待室小院

图 3.1.44　广州瑜园光棚小院

　　广州友谊剧院贵宾休息室小院（图3.1.45）和广州晓港公园小卖部小院（图3.1.46），又是一种方法，作者在廊角（或厅角）特辟半席地，地上植竹置石，对顶开洞通天，阳光透园而射，送来半壁绿荫竹影，使厅、廊的建筑空间忽得有趣的变化，增添了空间的层次。

图3.1.45　广州友谊剧院小院

图3.1.46　广州晓港公园小卖部小院

　　从上述几例可以看出，为了获得丰富的空间和使室内自然化，小院可以起到极好的作用。利用地上的点景和顶棚的处置，可为小小的天地带来有趣的变幻。这些技法在昆明温泉、桂林榕湖等地均可看到，它们在不同的场合均取得了良好的效果。

（九）景石

园林造景离不开山、水、花、石。石在园林里，特别是在庭园中更为特殊。俗话说：庭园可以无山，但不可无石。因为石有天然的轮廓造型，质地粗实而纯净，是园林建筑与自然环境空间联系的一种美好的中间介质。因此，许多山水园林和建筑庭园都用景石作为一种小品，在过渡空间点缀某种意境，甚至作为某种空间的主景。例如，广州兰圃里的一组景石（图3.1.47），浑厚而素雅，主石上刻有朱德同志的诗词，在一片蒲葵荫下显得格外安祥，石间草兰开着芬芳的兰花。游人到此，不但喜爱景石的幽雅娴静，在步石之余，悠然引起对这位身经百战又酷爱兰花的革命前辈的深情怀念，思绪联翩。由此可以看到，园林建筑小品恰到好处地置立，是很有教益的。

图3.1.47 广州兰圃景石

对自然景象的概括和讴歌，结合在景石的处理上就更普遍了。古代的文人与当代的豪杰在意境非凡的景石上留下不少深奥而风趣的墨迹，使景石更加形象化。如扬州史公祠内的"云曲"（图3.1.48）、广东南海西樵风景蹬道上的"云坳"（图3.1.49）、无锡梅园招鹤亭前的

217

"小罗浮"（图3.1.50）、苏州狮子林小院里的嬉狮石（图3.1.51）等，
真是：

> 室间听"云曲"，
> 半山入"云坳"；
> 莫道狮子林里有其主，
> 竟有梅园冒出"小罗浮"。

图 3.1.48　扬州史公祠"云曲"

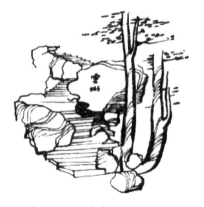

图 3.1.49　广东西樵"云坳"

图 3.1.50 无锡梅园"小罗浮"

图 3.1.51 苏州狮子林小院嬉狮石

这番诗情画意,好不乐人心怀!

将景石用作处理死角、装饰池岸、加强山势、连接墙根、点缀门景、落地叠山、长路割切、池中点步、平地点景、假固桥墩、景窗作陪、狭道对景等,都能收到极好的景效。

(十)景灯

公园里的照明灯应该处理成有一定组景的景灯。如不加处理,或处理不当,是很碍眼的。特别是我国目前的公园,几乎都用高杆电灯,杆体及灯罩造型都较单调、简陋,难得理想的效果,自然空间常常被灯杆和电线杆的站列或横伸破坏。因此,如何利用灯光来丰富园景,是值得认真对待的事,也是实现园林科学现代化的一个不宜忽略的问题。

尽管如此,我们还是可以看到有些地方根据现有条件设置景灯而获得良好效果的。如青岛中山公园把高杆照明灯设在一些土堆上,并适以山石绿化组合(图3.1.52),使一根灯柱构成一组意境,变普通的

219

公园路灯为一组景灯，成为一个具有丰富园趣的园林建筑小品。广州泮溪小岛采用带有一定造型美的地灯（图3.1.53），放在绿丘路角边缘，晚上可以识路，白天巧伏绿坡，为人得趣，小小景石稍稍陪衬更觉新鲜。广州兰圃采用矮杆塑树皮的照明灯（图3.1.54），隐身于丛林拐角处，在协调园林造景上别具一格，既自然又风趣，成为一项易被人忽略、反得人喜爱的景灯佳作。

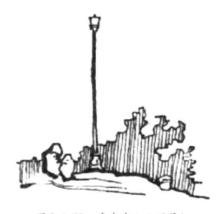

图3.1.52　青岛中山公园景灯

图3.1.53　广州泮溪小岛地灯

图 3.1.54　广州兰圃塑木景灯

　　诚然，在目前条件下，公园里的照明灯如何做到造型好，有一定意境，又少花钱好管理，还是一项很值得研究的课题，要解决好，还需与有关行业协作为之。

（十一）景牌

　　园林里，尤其在有大量游客的公园里，少不了一定的标语牌、简介牌、宣传橱窗、画栏、报栏、指路牌及其他告示牌等来开展社会主义宣传教育和方便群众游览。这些牌示需要与园林空间取得协调，亦应有一定造型的要求和组景考虑，故在此统称为景牌。

　　一个较完美的景牌，除主题需十分突出外，还需十分注重造景。譬如广州动物园的标语牌（图 3.1.55），用大理石碎片及彩色水涮石装饰墙面，墙根花池相托，墙后葵荫相衬，墙上的主题显得格外夺目，自成完善一景。长沙清水塘简介牌（图 3.1.56），清秀的造型不但使告示显眼，对周围的环境还起了良好的点缀作用。广东某机关院内的宣传橱窗（图 3.1.57）体量小巧，构架新颖，三个展面迎前摆设，草池和绿荫相应而配，将井井有条的院子点缀得既有秩序，又富有生动活泼的园趣。上海虹口公园画栏（图 3.1.58）用锯齿形平面丰富通长栏景，以工艺铁花穿插点缀在栏中各段，以渗透栏景前后的空间。北京动物园的动物介绍牌（图3.1.59），用钢筋和铁片构成，置于路口绿丛中，造型轻巧，绘色夺目，既增添游客的见识，又美化了园景。

图3.1.55　广州动物园标语牌

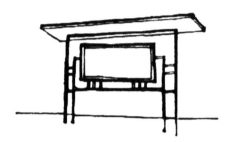

图3.1.56　长沙清水塘简介牌

图3.1.57　广东某机关院内宣传橱窗

图 3.1.58　上海虹口公园画栏

图 3.1.59　北京动物园动物介绍牌

　　由此可见，作为公园的各种牌示，只要恰如其分地稍加处置，就既能达到宣传教育的目的，又能作为一种景组丰富园趣，不用花多少钱就能取得较为完美的效果。可惜，有些地方由于管理不善，目前仍处于牌示设立非常凌乱的状态，不但达不到预期效果，反而影响了园林景观，这种状况应该引起重视。景牌应作为园林建筑小品发挥其应有的作用。

　　（十二）园凳

　　园凳是园内供人休憩的配件，处处需要，为数不少，如果单纯供坐歇而设，也易殃成园林布局的累赘感。因此，从园林的角度说，园凳必须有"园"的特点，既有一定的造型要求，又讲究布局的意境。从这个意义上讲，园凳就是景凳，变"累赘"为景点，使园林造景更丰实、更可行、更自如。

　　关于园凳，广州地区的园林工作者，作了较广泛、深入的探索，取得了良好的成绩。其中有不少创新的尝试，突破了以往的俗套，获得独特造景的效能，使园凳设计提高到新的水准。

例如，榕荫下的塑木台凳，构成幽雅古趣一局（图3.1.60）；

图 3.1.60　塑木台凳

葱茏壁前的条枝景凳，构成听泉读壁一幅（图3.1.61）；

图 3.1.61　预制钢筋混凝土条枝景凳

流花湖边的带形岸凳，构成坐栏观舫一幕（图3.1.62）；

图 3.1.62　带形岸凳

224

蹬步台上的塑石蜡凳，构成独我小憩一处（图3.1.63），等等。

图3.1.63 塑石蜡凳

这些园凳，不但造型优美，而且凳的摆设十分讲究造景，不失为园中景凳。

诚然，园凳的品种是很多的，应根据不同的情况来设置不同的凳型。比如：沿漫步小道设轻巧条凳，在自然风光优异的地带设园椅，属山道景色者摆石凳，浓荫树下可围台作凳，水景岸旁指石为坐，等等。因此，园林中设置园凳，凳型不宜单一，并尽量避免站列式的枯燥排列。有些名贵景石作园凳者，尤须独加造景，以提高玩赏的效能，不能轻易贱为一般处置。

（十三）池岸

安和平远性格的水面，是园林造景空间不可缺少的要素。就低凿池，顺形作岸，已属传统手法。大水面池岸一般较程式化，如北京颐和园的"临水垂柳夹岸，逢山松柏成荫"已成定局。庭园里的小水面池岸，近来已越来越受人重视，甚至在公园里也不断出现小水面池岸，而且十分别致，群众喜爱，游客云集，因此，池岸作为一种小品性的东西就加快发展起来了。如广州晓港公园泉涧进水式的堆石池岸（图3.1.64），使一片平地的公园，具有俨入石林泉涧之感。它聚石不多，却有山势；流水不涌，竟出瀑帘。广州流花公园小卵石滩池岸（图3.1.65），在景石、棕榈的相衬之下，大有身临南疆海滩的景状。广东汕头工人文化官，花丛间插边饰构件的绿化池岸（图3.1.66），既维护了喷水池，又巧妙地美化了院内景色。广东新会盆艺园用彩色水泥塑松木树桩池岸（图3.1.67），自然而富有野趣。广东湛江儿童公园花边池岸（图3.1.68），配以花式铺地，是适于儿童玩赏的池型。此外，还有卵石贴面池岸、大理石碎片镶嵌池岸、各色水磨石池岸等，这些池岸往往用景石来处理转角或收口，也有用小飘台间插的，以丰富岸型变化。

图3.1.64　广州晓港公园堆石池岸

图3.1.65　广州流花公园石滩池岸

图 3.1.66 汕头工人文化宫绿化池岸

图 3.1.67 新会盆艺园塑木池岸

图 3.1.68 湛江儿童公园花边池岸

（十四）眺台

眺台供人蹬览眺望之用，或搁高地，或插池边，或与亭榭厅廊结合组景。眺台如独立设置时，要用心选址，使之既能眺望远景，又有近景相衬。实践表明，眺台一席地设置得宜，虽无片瓦之筑，游客可以不招自来，杭州西湖"平湖秋月"就是众所周知的一台得景的杰作。广州烈士陵园利用两湖之间的堤岸，上作路下作台，并以泄水作泉石作山、卵石铺地、塑竹为栏，随形而变，顺岸而曲，三尺狭地组成湖边眺台一景（图3.1.69），台上景凳一席，台旁板桥相连，更觉自然风趣。广州越秀公园眺台（图3.1.70）顺山坡而悬，又别具一格，台上留洞，有意保留原树数棵，既作盛夏之荫，又使台景生动自如。

图 3.1.69　广州烈士陵园眺台

图 3.1.70　广州越秀公园眺台

228

有些地方利用山石或附岸水石，趣作眺台，不但格调自然，而且更富山水意境，常获奇效。

（十五）栏杆

栏杆属建筑构配件，依附于建筑物中，一般难以独立成景。园林的栏杆出于观景、防护的功能，却可以独立出来与其他园林配件组成意境。因此，园林里的栏杆造型和排列要考虑与自然的结合。

园林的栏杆一般有台栏、池栏、桥栏和绿栏。前二者多属高栏，其高度以适于人们凭栏观景为限，后二者因桥小或花草不宜高遮而多用矮栏。

广州地区喜用钢筋混凝土的塑竹或塑木栏杆（图3.1.71），求其与周围自然景色的协调。上海地区爱用花式铁栏杆（图3.1.72），富有工艺美术之趣。广东汕头中山公园的带花斗栏杆（图3.1.73），广州南园简而雅的桥栏（图3.1.74）及广州越秀公园精巧的铸铁边饰（图3.1.75）等，均有一定的特色，轻巧而精致的造型，不但有别于一般栏式，而且将园景点缀得更加绚丽清新。

此外，山景的石栏、花圃的绿屏、实砌的边饰、预制的钢筋混凝土通花构件等，结合实地灵活采用，均有极好的装饰和实用效能。

图3.1.71　广州塑竹栏杆

图 3.1.72 上海花式铁栏杆

图 3.1.73 汕头带花斗栏杆

图 3.1.74 广州南园桥拦

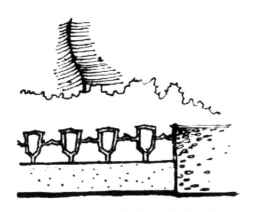

图 3.1.75　广州越秀公园铸铁边饰

（十六）铺地

用不同材料或不同图式铺地，并与一定的景石、景树相配成景，亦属小品一作。如在一片绿地的道旁，划一块锦纹铺地，供人周转、舞拳，就近有顽石作歇，景树当荫，构成一组园景（图3.1.76）。又如在池岸旁、景树下，贴一幅什锦地面，供游人歇脚，在园凳、池岸相配下，亦能组成生动园景（图3.1.77）。由此可见，只要适当组合，铺地亦可构成一定意境，作为园林建筑小品而存在。

图 3.1.76　草坪铺地

图 3.1.77　池边铺地

铺地因材料和图式不同而千变万化。一般较常用的有卵石铺地、冰纹铺地、预制钢筋混凝土素块间嵌卵石铺地、彩色水泥塑木纹铺地、不规则混凝土块在草地上自如铺设的铺地，混凝土光面与粗面交错布置的各种图式铺地、各种砖花式铺地，等等。这些均以就地取材方式来处理的多，使园内道路变化多趣。

诚然，什锦铺地属装饰性地面，应避免车马通行。换句话说，所有铺地均应设于行人漫游之地。否则，应有相应的加强措施。

（十七）花架

近年来，由于大量采用钢筋混凝土花架，花架在功能和造型上有了不小的变化，已经成为园林建筑小品普遍发展起来。

大连星海公园（图 3.1.78）、南宁人民公园中的儿童游园、广州文化公园说书场、广东从化温泉等地用花架作公园大门或院门，不但构架新颖，造型别致，而且在开花季节奇花攀结，将门景装扮得异常娇艳，形成天然之美。

图 3.1.78 大连星海公园大门花架

北京陶然亭和上海一些公园里，用列架形式设置花架，使园内绿化成排作景（图3.1.79）。扬州邗江县瓜洲闸用花架亭形式，使园内绿化蟠架成亭（图3.1.80）。南宁南湖公园内的中草药展场，用圈架吊挂展品，也很有景效。

图 3.1.79 上海花架

图 3.1.80 扬州邗江瓜洲闸花架

天津水上公园用砖花柱架构花架廊（图 3.1.81），广州流花公园把花架廊与休息亭台结合在一块（图 3.1.82），使园景变得更加丰富多彩。

图 3.1.81 天津水上公园花架

图 3.1.82 广州流花公园花架

二　园林建筑小品的设计

园林建筑小品那种精美、灵巧、不拘一格，既有个性，又能合群的性格；既跳动于建筑之中，又活跃在园林里，优美的自然格调把它们全都串在一起了。因此，园林建筑小品的创作不是杂乱无章的瞎想，更不是僵死程式的搬套，其内在是有一定的规律的。依了这条规律就能百花吐艳，异曲同工；离开了这条规律就免不了貌合神离，为人耻笑。

根据当前较优秀的园林建筑小品，我们可以综合分析出其共同的设计特点，而这些特点恰恰是其取得成功之处。

（一）取其特色

园林建筑小品的功能较单一、简明，但造型的要求较具体、活泼。一个好作品，能把设计的内容融化在形式之中，通过精巧的造型表达出来，其关键是抓住事物的本质，把能体现该事物本质的特色，巧妙地结合在造型之中。譬如公园大门的设计，这里有三个风格完全不同的实例。其一是历史悠久、驰名海外的扬州名胜瘦西湖大门（图3.2.1），作者抓住瘦西湖水域特点，坐落在湖水流经的地段，门楼画廊骑岸而筑，跌级水亭直插水迹，青柳夹岸而垂，绿水附门而入。既宏又巧的扬州建筑风格把主体门楼、副体画廊、衬体水亭连成一气，很好地把地方格调和风景特色融成一体。其二是地处广州的华南植物园大门（图3.2.2），该园既是科学研究的场所，又是亚热带植物的大观园，大门采用拟石为墙、花斗为标、通光飘盖为棚、椰丛棕榈为景的手法，组成一幅轻巧不觉纤细、简洁不失壮观的画面，既绘出了该园主题，又有浓厚的现代感，使该园的性格得到充分体现。其三是沈阳南湖儿童游园的门标（图3.2.3），它在南湖公园里，是儿童游园的进口。创作者一反俗套，以火炬为象征，用单柱悬臂的门标形式处理，把"好好学习，天天向上"的主题与天真活泼的儿童性格结合起来。这是一种用工艺手法处理园林大门的大胆尝试，是一件别开生面的新作品。

图 3.2.1　扬州瘦西湖公园大门

图 3.2.2　广州华南植物园大门

图 3.2.3　沈阳南湖儿童游园门标

三例表明，园林建筑小品的设计构思，首先要立足于对需要体现的内容的本质了解，提取出能够反映其本质的特色，通过设计的手段予以形成。一个成功的作品，既能适应其功能，又能反映其特色，可谓恰到好处。最忌风格重复的园林技艺，如何根据各地、各物、各个对象的环境特点进行设计，就更为重要了。

（二）顺其自然

园林造景唯忌牵强，最讲自然。这是我国造园的常规。园林建筑小品的设计亦不越此"雷池"半步。所谓"涉门成趣，得景随形"，"虽由人作，宛自天开"，就是我国优秀园林技艺的最好概括。可喜的是，各地的园林设计工作者在传统的基础上，有了许多创新的尝试，不少作品取得了较好的效果，使园林建筑小品设计提高到新的水平。譬如广东南海西樵风景区的冰室入口设计（图3.2.4），该冰室位于山坡上，自然散石沿坡都是，当地以"群羊出洞"相称，树木花草穿缝而植，好生西樵一景。作者充分利用地形地貌，逢石留景，见树当荫，把入口设计成片墙花架式，安基于群石丛林之中，不但不失原景之风貌，反添自然之新意，使景致变得更加迷人。又如广州白云宾馆餐厅小院（图3.2.5），在高耸重楼之下，主楼与餐厅之间的小小空间里，保留古榕一丛，立于巧塑顽石之上，假水瀑流，清池见底，夕阳乘隙而入，绿枝照壁相映，不知咫尺见高楼，全神醉入天然境。这种美妙的园林建筑小品技艺，成功地结合在现代建筑之中，使我国的造园技艺进入了新的境界。

图 3.2.4　广东西樵冰室入口

图 3.2.5　广州白云宾馆餐厅小院

　　这些成功的经验告诉我们，新建筑的造就，需要千方百计地因地制宜，哪怕是保留一棵树木，利用半边石壁，随高就低，引境入室。如此，不但能节省投资，更重要的是能较自然地成全庭园造景，稍加匠心就能达到惟妙惟肖的景效。任何把建筑与庭园截然分家，苟且于光秃秃造型的游戏者，既搞不好建筑，又费尽园艺师傅的劳作而得不偿失。

（三）求其借景

　　有人云我国造园是诗、画、园的结合，这确系我国园林高雅的精华。通过对自然景物形象的取舍，把园林建筑小品寓于园林组合体中，使一个造型简略的小品获得十分美好的意境。例如广州南园景窗（图3.2.6），它设在该园入口门斗的粉白对壁中，用陶片砌作花眼式，窗外碧竹为屏、花为景，不偏不倚，佳景尽收眼内。人们进园，一眼时花相迎，很有一番情趣。这种以花眼景窗借四时应景的做法，确有非凡的匠心。上海龙华盆景园用借邻景的手法，获得另一效果（图3.2.7），它以博古窗的形式，设于隔断白墙之中，墙根不作他饰，只借近石作景，使窗上盆栽与窗前石景融成一局，把人们的视线归引在一定的范围之中，以满足展览线路的安排。广东新会盆艺园设花瓣景窗（图3.2.8），好像一朵窗花开在窗前的绿丛中，透过景窗，望见室内盆栽挂壁，巧妙地引出了盆艺的素雅格调。广州流花公园的水廊景窗（图3.2.9），借湖面对岸东方宾馆为远景，收水上游艇为近景，构成一幅幽美的风景画，拟作流花一景。

图 3.2.6　广州南园景窗

图 3.2.7　上海龙华盆景园景窗

图3.2.8　广东新会盆艺园景窗

图3.2.9　广州流花公园水廊景窗

从这些实例可以看出，景洞之类的园林建筑小品，其设置是离不开借景的。要做到"得景随形"，可借远景、近景、邻景或四时成景。根据所借的景致和周围环境的具体状况，设计出恰到好处的洞形，使所得画面的意境简而不陋、虚而不空，形成一种高色调的素描形象，清秀高雅，不存一处败笔。

（四）插其空间

一般而言，造园具有三种空间，即园林空间、建筑空间和介于两者之间的过渡空间。由于造园各因素相互渗透的作用，这三种空间不是绝对分立，而是相互依存的，特别是在庭园里，常常是园中有屋，屋中有园。现代园林的空间处理更加相依而存，即那种园中有园、院中有院、内中有外、外中有内、寓大于小、小中见大等空间处理手法，使园林气氛更加变幻莫测，情趣盎然。

　　造园三度空间的美妙，就像悠扬动听的乐章，园林建筑小品像活跃在整篇乐谱里的音符，欢快翩行，穿插在各度空间之中。例如，广州东方宾馆新楼大厅，宽敞而舒适，右角一跑带池转梯的小品（图3.2.10），把厅景衬得更具现代感。在大厅到支柱层庭园之间的过渡空间里，插上一面鹤壁（图3.2.11），这幅富有诗情画意的小品，使客人不约而留片刻。少赏之后，越过景门进入支柱层的开敞空间，那富于韵律的一系列园林建筑小品，沿着园林空间委婉舒展开：近铺石滩，远对方亭；园灯直插，景石趣立；桥飞水际，曲廊穿庭；流线画驳岸，汲水嬉镜池，倒影见高楼，不需举目瞻；绿树当伞草作席，奇花异草隔院香；难怪客人不愿走，果然园趣在东方。在这种盈郁传统意味又融合建筑新格调的现代庭园空间里，园林建筑小品可谓"八仙过海，各显神通"了。

图3.2.10　广州东方宾馆转梯

图 3.2.11　鹤壁

（五）巧其点缀

打个比喻：在造园上如果园林建筑为骨架，园林造景为躯体的话，那么，园林建筑小品就是其外表的各个局部的点缀。它可以是建筑的一部分，也可以是园林的一部分；可以是一个空间中具有相对独立性的局部景，也可以是一些园林建筑配件和一些园林要素的组合体。例如，广州中国出口商品交易会贵宾接待室里的小院（图3.2.12），一片玻璃隔断突墙而出，三根塑笋拔地而立，蒲葵前后相衬，形成一组完好的局部景。这种既隔断又补强的点缀手法，在建筑空间是常常碰到的，其巧就巧在占位不碍事，布景有主次，把障眼的角落修饰为养眼的珍品。广东顺德市旅行社在同样的手法基础上，下作水池上作棚，阳光透过绿色塑料光棚，随着光迁影移，石笋颜色一日三变，点缀得更耐人寻味。广州流花公园的湖边岸坡上，不搞他种做作，只塑树根数截，沿坡拾级而上（图3.2.13），宛自树墩自在，供人眺望水景，或趣作蹬坡，这样点缀园林亦属别出心裁。广州荔湾公园在一片绿色的草坪上，用素白兼色的不规则铺地和景石点缀法，使院内平面构图顿获生机，丰富了园趣（图3.2.14）。广州烈士陵园用一圈白色圈凳（图3.2.15），置于墓地附近一片缓坡的松林中，造型十分别致，酷似怀念烈士的花环仰置墓边。这种把含义很深的东西作为园林建筑小品

242

来点缀园林的做法，是很不寻常的。

图 3.2.12　广州中国出口商品交易会小院

图 3.2.13　广州流花公园塑木蹬道

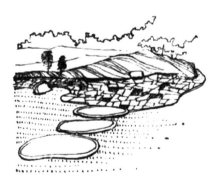

图 3.2.14　广州荔湾公园铺地

图 3.2.15　广州烈士陵园圈凳

（六）寻其对比

园林建筑小品有其客观的从属性，但同时又有各自独特的个性。它可以是大空间里的小空间，也能够在局部范围里自成一景。因此，其本身在构图和组景时，离不开寻求对比，寻求一种既为总体作陪衬，又在总体中不失自我特点的方法和手段。

所谓对比，是两种具有明显差异的东西巧妙地结合在一起，使其相互依赖又相互烘托出各自的特性，以求得造型和空间的统一和变化。变化寓于统一之中，合适的对比总是成立于巧妙的结合里，这是众所周知的客观现象。大块的风化石在一定的园林空间条件下成为珍品，若把它搬到住房里，可能就变成"怪物"了。因此，要切实做好园林建筑小品的组景，就是要寻求适当的对比，以此达到丰富园景和协调园景的目的。

广州解放北路交通岛（图 3.2.16），用形状对比手法，以高直的槟榔与矮扁的点石组成绿岛，既满足了交通功能，又富有南国田园情趣，真不失为"南中小品"。

广州越秀湖栏杆（图 3.2.17），用动静对比手法，以湖面为背景。栏上以追逐鱼图为象征，人们顺栏观行，酷似鱼群擦身游过，取得了奇特的效果。

图 3.2.16 广州解放北路交通岛

图 3.2.17 广州越秀湖栏杆

广州越秀公园景窗（图3.2.18），用光暗对比手法，以室内暗墙取洞，巧获室外竹林光景，在漫赏室内花卉之间，插此景窗，更觉自如。

图 3.2.18 广州越秀公园景窗

245

广州西苑小院隔断（图3.2.19），用质地对比手法，在带窗的粉墙上，巧挂气兰一枚，新奇而引人注目，使小院空间的视阈骤然归于隔断的兴趣点上。

图 3.2.19　广州西苑小院隔断

沈阳南湖公园路标（图3.2.20），用颜色对比手法，在浓绿的灌木丛中竖上洁白的小路标，既便于游客识别，又点缀了绿篱，增添了几分园趣。

图 3.2.20　沈阳南湖公园路标

由此看来，对比需"寻"，使用得"巧"。通过形状、动静、光暗、质地、颜色等对比手法，既烘托出各自的特性，又统一在一定的园景之中，是园林建筑小品设计中行之有效的又一方法。

（七）立其意境

俗话说：七分主人三分匠。一个园林建筑小品的完成，首先需要设计人员的一个良好构思，塑造出一个相对独立的意境，就像一幅中国画那样，以一种表而不露的感染力，通过一定的造型和空间组合，把需要表现的东西巧妙地表现出来。大家知道，扬州有个"个园"，设计者以一年四季的景色作为塑造该园的意境，在园内巧作春、夏、秋、冬四景，游园一周，妙似历经一岁，能如此巧夺天工，在意境上是很有文章的。近来，在新的庭园中，出现不少很有园趣意境的园林建筑小品，使传统的造园技艺有了可喜的继承与发扬。例如广州矿泉客舍的蕉院雁壁（图3.2.21），在一间敞口厅的小院里，其照壁一面直接云天，壁上塑雁两对，徐徐飞落苇荡，壁下露台一席，绿草成丛，涧水轻流，步石涉水而过，呈现一派静穆辽远、海阔天空的野外风光，把小小院子变成无限宽广的境界。可见，一个具有意境的园林建筑小品可以巧妙地塑造出富有诗情画意的美妙空间，达到身居咫尺、造境无限的地步。白云双溪读泉、东方宾馆鹤壁等，均有异曲同工之妙。

图 3.2.21　广州矿泉客舍蕉院雁壁

（八）合其体宜

造园对布局和造景的精钻考究是不言而喻的，园林建筑小品的安排要起到应有的造园效应，确需苦心斟酌，不可牵强附会，不可盲目抄袭，更不可画蛇添足，应达到"巧而得体"、"精而合宜"。这里，以广州兰圃为例，来看看园林建筑小品设置得法，构成全局之趣。广州兰圃是以育兰为主的园，它地处市内干道旁，用地狭小，面积仅82 000平方米，地形狭长（横面最宽35米，长达300米），园艺工作者在这尖刀形的平地上，通过巧设门洞、装架荫棚、挖池堆山、搬石点景、开涧架桥、精造亭榭、山砌峰塔、水挂瀑花、繁花铺地及松榕挡荫等手法，造成园分疏密、路不回游、起伏有韵、变化万千的格局，使人在此，地狭不觉窄，道曲不嫌长，不觉其小，反觉其大；不觉狭长，反觉深远宽广。取得如此造诣，除了园艺之巧作外，园林建筑小品设置得体、布点合宜也起了重要作用。如进门数步，云墙对隔，两旁松林葱郁，中间狭道直通，使人从喧闹的干道进来，肃然宁静。穿过云墙园门，景石迎宾，小山障路，转身而绕，却是大池水际一片，海阔天空，豁然开朗，真可谓"欲扬先抑"的妙法。漫游水景棚花之后，步入山道，跨溪越桥，登上杜鹃山，山下茅舍巧设，游人个个拭目以瞻。绕舍而入，步移景异，板桥相引，古木相迎，不觉身立湖心岛，迈步春光亭（图3.2.22），凭栏四望，三面临水，水托环山，俯视湖石，如临渊海，仰瞻峰林，似处深山；遥对白塔，可望而不可即，真是余恋难收。

图3.2.22　广州兰圃春光亭

在一块狭窄的平地上，造出如此自然的山水，在这样的自然山水里，园林建筑小品点缀得如此合其体宜，真可谓："虽由人作，宛自天开。"

第四部分　小　语

一　走桂滇

真正接触园林建筑，还得从 1962 年参加桂林漓江风景名胜区的规划设计算起。

那时任中南局书记的陶铸同志，为搞好桂林风景区，组织了广州和北京的专家住在现场开展规划设计，几乎是一边考察一边构思天下称甲的漓江风景线。这对于初出茅庐的我，沐浴在众专家的智光下，深深领略着可爱祖国如画山水的诱人园林蕴涵。

——那时，漓水清澈，鱼游浅底，鸬鹚候猎在竹排头，起伏连绵山峦的画影在流波的石上、水草上滑动……真逼着你画笔难停。

——那时，湘漓分派的灵渠，这个驰名古今的水运工程使兴安成为一处可居、可游、可赏的景点。那朴实的白墙、瓦顶的桂北民居恰如其分地安置在灵渠两旁。门前的石板路用几道了如轻帆的小石拱桥连接两岸，漫步在这有别于江南水乡的岭南特有水镇，真是另一番令人叹为观止的小桥、流水、人家。

——那时，坐着小船经三天三夜顺流到阳朔，一赏真不失为"阳朔风景甲桂林"，把喀斯特风貌"微缩"出异常可人的游览空间。尤其在濒临漓江的堤岸上观日出，饱览旭日东升时悠然透亮的秀色江景。

当时我一连三天于日出之前赶到观赏点，以水彩速写日出，至今仍记忆犹新。

——那时，登上叠彩山顶，俯瞰榕城，一秀绿浪在大地蠕动，似峰尖在潮涌、似漓彩在飘舞、似儿歌在摇首高吭、似画笔在浑开八方……

我真的喜欢桂林、喜欢阳朔、喜欢兴安、喜欢漓江，喜欢它们的空气、绿树、碧水、蓝天，它是我思绪中一直没有抹去的人间仙境。记得20世纪70年代首编小品时，桂林就被我们首选为探索小品真谛、祈望觅得精品的地方。这可不是件小事，"文化大革命"刚刚结束，全社会仍处在谈美色变的惶恐中，那时去寻求建筑美、环境美，的确冒着风险。可能是由于本能的驱动，我们似乎又在这里不知死活地继续进行美的探索。

1988年，我又很幸运地再次来到桂林，再次游了漓江、阳朔和兴安。

在桂林到兴平一段的漓江游中，我的心情舒展了许多。因为下船前脑际中一直浮现着20世纪70年代后期和80年代时，整条漓江黑色和白色的沧沧水，那被毁了的漓江水质，使每个来过漓江的中华儿女负着沉沉的悔罪感，愧对铺排这秀丽山河的祖宗。

听说那是在批判封、资、修的时代，沿江建了发电厂、造纸厂等各类生产基地酿成的。

听说谁都不敢公开就此议论之时，小平同志到此视察，视察后说了四个字：过大于功。

这样，当地不畏艰辛地把沿江的工厂迁走，重新引来了虽然没有过去那样清，却已是清清可睹、可亲的风景河了！这时的心情，真复加酷爱漓江的自然体态。

我们这次是在兴平上岸，换乘汽车到阳朔的。在车上就听人讲到阳朔有条驰名的"洋人街"（这可是个新家伙！）。车直达此街，下来一走，果然不赖，虽然不全是"洋人"办的，但在国内风景区的旅游品市场中，这条应属上乘的，琳琅满目，还很有点文化气息，比过去多是沙田柚、板栗摊位，已高了许多个档次。

其实，我来阳朔主要想看看今天的江景和公园景怎么样啦。

由于可建房子的地皮都建了房子，现在多出好多街道了，去江边看看漓江中的阳朔风貌的路也找不着了。原来江边一字形密密层层铺满多层建筑——1963年，我们在此规划时为保护阳朔地段江景，不让其自然风貌被建筑噬食的设想被彻底地毁了。我想：如果这次我是在此上岸的话，给我的印象绝不是"甲桂林"的阳朔风景区，而是来到拥挤的城市了。

好不容易，找到了阳朔公园的门口。它已不是过去的公园环境了，而是街上的一个口子，一打听，公园已经被卖给一个开发商了。里头的文章是什么，我几乎没有勇气进去了。

如果还有个比较的话，我对兴安更情有独钟。所以在桂林的会议期间，我怎么也要想个法儿抽空往那走走。变了！变了！！彻底地变了！！！

记得过去进兴安，完全是进山的感觉，还得花些时日。今天进兴安，在高速线上，一下子从桂林就到了兴安，那是从一个城市到了另一个城市。那么多房子，那么多的人，熙熙攘攘，有大得异常威武的纪念公园，有在桂林街上看到的那种商店——真没有想到这里发展得那么快！我多希望在地方经济发展中，灵渠——这条项链能够展现更加诱人的风采！

可惜！我完全没有预料到：灵渠的环境被彻底地破坏了——"湘漓分派"景点几乎荒芜！

灵渠两旁的民居全被拆光，在同一红线上盖起了四、五层高的酒楼、旅馆、商店、卡拉OK歌厅……

灵渠上的小桥飞了！

灵渠的水干了，渠旁的污水进来了！

灵渠的可人汀步被填成马路了！

……

我们高兴：一个景点带来了地方的兴旺。

我们懊丧：地方的兴旺毁了驰名的景点。

杰出的水利工程和科学的军运，营造出一个如此可赏、可游的历史和自然景点，为什么得不到人们的珍惜？为什么有松动的地域开发了，还要"杀鸡取卵"呢？看来"过大于功"已延伸到漓江的上头。难道这点咫尺之地——灵渠，不能像治漓江沿岸的工厂那样也来个控制和根治？重新修复出适于灵渠环境的古迹、小桥、流水、人家，让桂林风景旅游文化从科技、军事诸方面拓展得更丰盈充实、更富于游赏魅力？！

我们祈望着灵渠的光彩再现！

云南工学院的朱良文教授自他一见到丽江民居，就想编一部丽江民居的电视剧本，并推荐一位当地的土专家给我认识，祈望能到丽江一睹为快。可惜一直没有找到适当的机会而搁着。但我的心愿早就为丽江诉上了。

1989 年 5 月初，我终于到了丽江！——我情不自禁地为之震撼！

来到这里，似乎才品出我国古城无与伦比的韵味。

丽江古城在我国云南西北高原上，它八百多年来，无间断地由北边玉龙雪山的三支清泉随街走巷，穿墙过屋，滋润着方圆 2.5 平方公里的四万居民。它依山就势，自然舒展，顺水安居。那黛瓦白墙、鳞次栉比、错落有致的纳西族民房、乐社、街铺有条不紊地轻驾于潺潺清流上，你要是在街市上走一走，石板路上一边是花式独特的各式店铺，一边是清澈见底的小溪流，溪流上每家门口都架着小板桥，就在门口的岸边，几乎都是穿着少数民族服饰的姑娘在洗衣涮物。因为水流较快，我们看不到肥皂泡，更没有污物停滞。她们好像爱护自己的衣物那样爱护着清清的溪水，哪怕有些街道，水的两边都是铺头，层层密过的游客似乎也都遵着规律有序而过，尽管许多游客都摆着镜头取景拍照，但都很是谨慎地觅点取景而不碍交通。如此心甘情愿地缓缓游动的旅游点，在一个城镇里真不多见，是景好？人好？还是通个儿环境好？内涵丰实可人？

据说"丽江古城（包括白沙、束河建筑群）是纳西族先民吸收、融合中原汉文化、藏域文化及其他周边民族文化形成的纳西古文化积淀圈"（《丽江古域》语）。那"晴不飞灰，雨不泥泞"的五彩石路和"三坊一照壁，四合五天井"的典型民居，真不愧对"做活像蚂蚁，生活像蝴蝶"的丽江人。这里的孩童和妇人爱穿"披星戴月"的纳西服，这里的老人寿岁延年，还特喜爱纳西古乐，白天在公园演奏，晚上在乐社的院子更有精彩的演出，他们与白沙壁画一样，深深地散发出边陲文化的沉香古彩。据说，这里的纳西古乐演出队，70 到 90 高龄的"演员"不下六名，还多次受邀赴欧美演出。我去赏识了一次，其气氛之好、报幕之古、节目之序、乐奏之朴实深沉，真把我古醉、闻醉、赏醉了！

我太爱这古城了！

我爱它生辰近千禧，还如此焕发青春活力！

我爱它历经沧桑，还修复、保存、使用得如此自然舒展！

我爱它在八百年形成的城街里巷格局中，仍然哺育着现代生活的如意百姓！

我爱它多少世纪留下足痕的石板路，仍然承受着居民和游客的现代欢步！

我爱它不停的流水，仍然淌漾着纳西的歌！

我爱它黛瓦檐下，剥落后重又油上新漆的气味，

我爱它古柜台上，摆设出来的琳琅满目的饰物，

我爱它溪水岸边，洗衣捶服的啪啪声响，

　　我爱它城墙根旁，屈膝倾心交谈的老汉和树上不停的知了声……

　　我无限地感慨：八百年的古城那样深沉的文化积淀，好像昨天的事那样展现在眼前，那样形神兼蓄。也许是我首次来此，边走边思地自问：我国的能工巧匠为何几乎无可挑剔地呈现如此可人的八百载历程的古城?! 哪怕惨受过强烈地震的毁坏。

　　难怪人们都热衷在此追寻"香格里拉"的梦境。

　　诚然，不可能无可挑剔。但在此确不愿放弃心服口服的满足感。多祈望这种古城形象的满足感永葆往后春秋！多祈望我国类似有如此浓重文化和神采的古村、古镇、古城，也能像丽江古城那样，在不断承受多种天灾人祸后，仍能发扬入世天姿，激人豪感过去、奋发未来。

二　水流云自还，适意偶成筑——记可园

可园，位于广东省东莞市莞城博厦，原为冒氏宅（现不可考），清代咸丰、同治年间，张敬修修筑成园。

此园面积不大，全园占地仅 2 204.5 平方米，但园中重楼悬阁，廊房萦回，亭台点缀，叠山曲水，极尽园趣。其布局之灵巧、构图之清新、装修之精雅、园景之幽致，成为岭南古典庭园少有的佳例。

走进可园，处处可以闻到我国传统造园的浓郁气息，予人一种亲切感。但此园没有重复江南庭园那种深庭曲院的图式，也不惑七方庭园那种厚重华荣的气氛，而是一种特有的岭南风情融沏全园，以畅朗轻盈的乡土格调取胜，至今仍不失新意。

在有限的考据中，笔者了解到该园作者（园主）张敬修此人，颇有见识且不草率行事。他究集像居巢、居廉这类岭南画派的祖师和两广文墨名流，琢磨往返，深以造诣。事后还留下《可园遗稿》、《可楼记》、《可舟记》、《草草草堂》等手稿，成为今天考究的珍贵资册。他在《可楼记》中云："居不幽者，志不广；览不远者，怀不畅。吾营可园，自喜颇幽致。"以"幽"、"畅"两字在园中耕耘，驰骋如流，创下岭南庭园的完美一格，实极可贵。

基地是不规则的，但布局中仍能探出构园的主轴（图 4.2.1～图 4.2.4），凝在前庭、主庭和主体建筑可堂上。有趣的是它前庭立水为题，主庭叠山为景，可堂却有意若处偏旁，做出所谓"新堂成负廊，水木怡幽偏"的局面。其后"沙堤花碍路，高柳一行疏"的博溪渔隐

意境，浸情在"三分花竹外，台榭枕烟水"的可亭、可湖里，确有幽然神悦之叹。

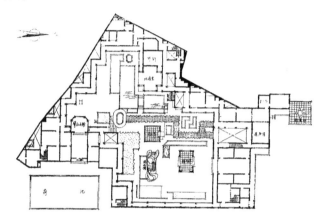

图 4.2.1　可园首层平面图

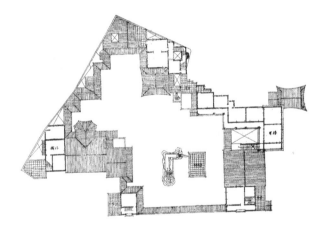

图 4.2.2　可园二层平面图

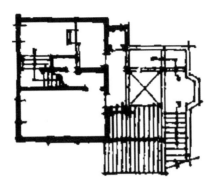

图 4.2.3 可园三层平面图

图 4.2.4 可园四层平面图

园中花木不加滥植，"幽"字不写在密林中，却以建筑小品默默相诉，用"开径不三上，回旋作之折"的花之径、"长廊引疏阑，一折一殊赏"的碧环廊和那"小桥如野航，恰受人三两"的曲池小桥等，谱出抒怀的幽景。

居巢在《张德圃廉访可园杂咏》中，有句精彩的可园评话"水流云自还，适意偶成筑"，确实写透了可园气韵。尽管其中尚含哲理，就现状仍可看到它因借园外水光山色，按其幽畅意境灵活构图筑园的特色。一般而言，平地造园做成幽境不难，因借园外景色多以挖池堆山取得。此地不然，主要以建筑手段，"加楼于可堂之上"，或干脆择地筑高达 15.6 米的"邀山阁",使"凡远近诸山"、"江岛江帆","莫不奔赴于烟树出没中","去来于笔砚几席之上",获"万物皆备于我"之景效。居巢上邀山阁,看到览景若画就高兴得不得了,兴诗赞咏:"荡胸溟勃远,拍手群山迎;未觉下士喧,大笑苍蝇声。"这确实达到了"览其远者畅其怀"的功效。郑献甫(清代广西诗人)"江声浩浩海茫茫,秋老方看作嫩凉;三水三山分百粤,九月九日作重阳"的诗韵中,更把百粤山海"邀"入阁中,成为重阳登高的赏秋境地,其意境又进取一等,这种以我之逸待山光江海之劳的取景法,用得很妙。

我们从可园外景看(图 4.2.5),可以觉察到,可园一楼 5 亭、6 阁、19 厅、15 房的建筑组合,不但适应于园中的幽畅意境,还协调于广东粤中民居的群体中。民居中那种一村突屼的堡垒式村郭被邀山阁造型所替,形成极富韵律的建筑轮廓线,生根于乡居里,融汇在可湖中,呈现岭南庭园建筑特有的洒脱风采。这种主调在各主要庭景中也都有所反映,譬如入口前庭不用常规的照壁,而用卷棚屋面的"听秋居"楼阁;门厅的邻室不是一般的迎客厅堂处理,而以半边亭式的"擘红小榭"和意构风野的"草草草堂"接待宾客和留下园主对戎马生涯的思念。每逢荔枝成熟季节,文人在擘红小榭品尝红荔、赏识园景、吟诗作画,极尽园中情趣。

图 4.2.5　可园外景

　　邀山阁下是可轩和双清室，旧时前者多陈桂花，一曰桂花厅；后者取人景相清意，室外曲池清竹，池中荷香与竹润带来满室清凉，颇有唐诗"一片冰心在玉壶"的意境，故取室内门窗、铺地、挂落、天花等均以"壶"中"亚"字作纹样装饰（图4.2.6），加上二居篆字作窗花（可惜此处居巢、居廉篆字早被盗失），显得异常清雅，细作均很精美，据说二居常在此作画。全园墙体均以青砖砌筑，历百余年，外墙仍平整若镜，各种磨砖砌的过门至今仍完好不陈。窗宽近六尺的大幅透花窗，不但花饰好，尺度及造型均极精细合宜，现在看起来都不觉古陋。屋顶以卷棚歇山为主，构架甚简，造型轻盈，所用梁柱极秀挺，上下楼层的接体也很自如，不拘泥于一般程式，整个建筑装修和风格不落俗套，清新明快。

图4.2.6　双清室

　　此园临建可湖，园内另立两处水池、一口泉井。前者一置前庭作主景，岸边厅旁立一孤赏石，名曰诗人石，一石一水极为清雅。一置内庭双清室前，曲尺形池岸，仅一板桥相渡，其"一曲蓄烟波，风荷便成赏，小桥如野航，恰受人三两"的景观，同样显得清新素雅，较好地反映了岭南庭园水局景的独有特色。泉井置于曲池与擘红小榭间，井景简朴，既利使用，亦点缀了园景，是岭南常见的水型之一。可见，"适意偶成筑"不仅指导可园构筑，在某种意义上也反映了岭南庭园的构园特色。

可园的山构设也很妙，有所谓一虚一实，虚则因借园外山景，建邀山阁将山"邀"来，近者黄旗、莲花、南香、罗浮诸山，远者意邀各方名山大川，赢得"亭馆绿水深，楼高绿天外；旧约践罗浮，一面接芳翠"之幽旷景。实则指主庭主景叠山——狮子上楼台，它不但采用岭南传统石谱，且以当地所产的海上石材砌筑，很有地方特色。它位于可堂前拜月亭南，山中设有瑶仙洞，洞前花台相设，山侧花径相随，石砌花絮的碧环廊沿旁而衬，形成全园各建筑的内向景趣中心，获得山虽独设却各得其赏、以少取胜的奇效。可惜，经十年动乱，叠山已成一摊毁石，但愿有朝一日复以原委。当年简士良（字东洲，为岭南名诗人张维屏入室弟子，著有《秦瓦砚斋诗集》）在可园赏菊时所赞的"天然老圃花为壁，妆点秋光傲春色；笑看帝女竞新妆，宫额亭亭倚香国"诗咏虽话过去，今天行将全面修复可园的时节，可望"园林顷刻成锦秋，红英紫艳黄金球"的再现是即将来临了。

三 雷州感怀

20 世纪 80 年代初，笔者应邀在粤西雷州搞规划。

县委陈书记是一位沿着阶梯上来的本地干部，很是讲求实际。一开头，他就把设想告诉我：现在的雷州镇把古城墙都挤破了，没有地方盖房子，是否可以沿着去湛江市的干道两旁向前发展？

对于一个穷县镇来说，这种设想不无道理，操作起来亦挺方便，可以按经济发展情况顺延。但我心里尚不踏实，要求借读一部《雷州府志》，并到大街小巷走走。

尔后，在镇前西南方的十贤祠一段洼地上，不难识别，正是府志所云"西湖"所在地。古时伏波将军为养息边关，开灌溉的运河就流经此地。宋绍圣三年，苏东坡再被贬海南岛路过雷州时，与其弟苏辙在此患难共 3 个月。可惜，当时苏东坡所称"万马第一"的湖上胜景，今天被蚕食破坏无遗了，就连香火极盛的天宁寺亦夹在居苍之中。

我问："旧时，此地望城，气势不凡，盛赞'双笔抻青天'。怎么现在只看到城内三元塔一'笔'啦？"

陈书记答曰："另一塔已改作一厂水塔了。"

我颇有感慨而言之："看来，我们这一辈不如祖先啰！"

古时边防武官都习点文化，失意的苏东坡亦能为雷州环境欢呼。我看我们也不能在解决温饱的时候忘记生存环境、断弃文脉！规划不仅是盖房子的问题，除了解决现实问题，还得想好继续发展的问题。

一天，陈书记找我说："今年我决意拿出 100 万元来搞精神文明建设，你就帮我把西湖修复起来吧！"

农民领袖也真实事实办，不到一年的工夫，从设计到竣工，共用了 160 万元。在约 11 公顷的洼地上，再现了我国南疆的雷州西湖。1986 年 4 月，我国著名音乐家贺绿汀参观西湖后留铭："雷州西湖虽然比杭州西湖小，可是有许多优点是杭州西湖所没有，也不可能有的。这些对后代人的教育意义很大！"

随着改革开放的步伐，西湖东面一带的低洼地被建成数倍于西湖的硕大水面的雷湖，每年的养鱼收益很快就付清了建湖成本，成了政府的一项固有收入。

不出规划意料，建成了西湖、雷湖后，直接而突出地改善了雷州城镇的人居环境。不但原有古镇居民受益，还带动了湖的南面一大片原来荒芜的山冈丘陵地，成片成片地盖起了新居。西湖、雷湖居于新、旧城的中心部位，有如一躯之心肺，望风换气、滋润百姓，无不欢腾。前两年，该城还被评为国家级历史文化名城。

这事很快得到湛江市领导的重视。骤然间，粤西的许多县、市领导，对环境、文化遂均有了较为强化的意识。在广东，粤西地区在经济较落后的地区之列，可以想象：具有环境和文化意识的基层领导，在改变落后面貌的经济建设中，是何等难能可贵啊！

譬如，20 世纪 90 年代初，一次在遂溪县城（现已改市），当时的阮县长要我在城里转转，然后问有何意见？

我说："正在城中心区的三角地带上的工程能否停工？"

阮县长似有些为难地说："哎呀！这可是镇属工程，怎么啦？"

我说："此地不大，才 1 公顷多一些，但周围的建筑是宾馆、影剧院、办公楼、市场和较好的公寓区。据说在这块中心带上要盖卖狗肉的大排档。从经济角度来说，在此档口做此生意，效益肯定好。但从环境效益和社会效益看，这可是个祸根。何不改作花园，构成遂溪城内中心部位一个调节小气候的良好空间。现街道巷里的树就不多，中心地带连点绿颜色都没有，反而要设容易污染环境和喧闹的小吃摊档。得益者一小撮，而受害者可涉及全城呐！"

阮县长是个文化人，对言之有理的事不但同意还极力想办成。他立即召开县、镇五套领导班子会议，就此决断改作中心花园——琴苑。一年后实现，刚好碰上广东省城市建设工作视察组来，得到褒奖。

附录一　已发表的文章目录

发表时间	题名	发表单位（期数）	类型	作者	备注
1980 年 1 月	关于园林建筑小品	建筑师（2）	园林景观研究	刘管平	
1980 年 12 月	广州庭园	建筑师（5）	园林景观研究	刘管平	电视脚本
1981 年	关于风景名胜区和公园的规划设计问题——全国园林绿化学术会议，广东全省风景区规划会议综述	广东园林（1）	园林景观研究	刘管平	
1981 年	惠州西湖的形成及其园林特色	南方建筑（1）	园林景观研究	刘管平	
1981 年	水流云自还，适意偶成筑——记可园	广东园林（3）	园林景观研究	刘管平	

发表时间	题名	发表单位（期数）	类型	作者	备注
1981 年	论庭园三景效	广东园林（4）	园林景观研究	刘管平	
1981 年	广州文化公园"园中院"	建筑学报（9）	园林景观研究	郑祖良、刘管平	
1982 年	"园林意境"论	广东园林（4）	园林景观研究	陶郅、刘管平、江楷义	
1983 年	精美的石刻 峻秀的建筑 别致的园林——记大足道场园林	广东园林（1）	园林景观研究	刘管平	
1983 年	一个既为居民服务又具旅游特色的新型公园——汕头市金砂公园规划设计	广东园林（4）	园林景观研究	刘管平	
1984 年	论庭园景观与意境表达	新建筑（4）	园林景观研究	刘管平	

续表

发表时间	题名	发表单位（期数）	类型	作者	备注
1985 年	岭南古典园林	广东园林（3）	园林景观研究	刘管平	
1986 年	岭南古典园林 一	古建园林技术（4）	园林景观研究	刘管平	
1986 年	论"诸葛草庐"之再现	广东园林（4）	园林景观研究	刘管平	
1987 年	岭南古典园林 二	古建园林技术（1）	园林景观研究	刘管平	
1987 年	隆中风景区"诸葛草庐"规划	华中建筑（3）	园林景观研究	刘管平	
1987 年	隆中风景区"诸葛草庐"规划设计方案	建筑学报（8）	园林景观研究	刘管平	
1988 年	隆中风景区"诸葛草庐"修复规划设计研究	规划师	园林景观研究	刘管平	
1990 年	窗下影语	建筑师（39）	建筑文化、心理研究	刘管平	

续表

发表时间	题名	发表单位（期数）	类型	作者	备注
1991 年	协调·融汇·创新——肇庆七星岩风景名胜区景区开发规划	南方建筑（2）	园林景观研究	刘管平、肖毅强	
1992 年	风景建筑之度	建筑师（48）	建筑文化、心理研究	刘管平	
1994 年 8 月	风格议	建筑师 建筑学术双月刊（59）	建筑文化、心理研究	刘管平	
1995 年	走向新文明的人居环境	建筑学报（12）	建筑文化、心理研究	刘管平、孟丹	
1996 年	佛山市建新路街区保护与更新规划	规划师（1）	城市规划研究	刘管平、郭昊羽	
1996 年	外部居住环境的视知觉及表现——从风水"形势"说和格式塔心理学说谈起	新建筑（4）	建筑文化、心理研究	刘管平、李少云	

续表

发表时间	题名	发表单位（期数）	类型	作者	备注
1996 年	环境与人——三种观点的考察	建筑学报（10）	建筑文化、心理研究	刘管平、魏开	
1997 年	新会市圭峰山风景名胜区总体规划	规划师（1）	园林景观研究	刘管平、周霞	
1997 年	风情文化与风景名胜区规划——兼论潍阳河风景区总体规划中的风情构思	华南理工大学学报：自然科学版（1）	园林景观研究	刘管平、姜文艺、鲍戈平、谢纯、邹洪灿	
1998 年	广州城市精神，人的行为与文化名城的保护与发展	时代建筑（2）	建筑文化、心理研究	刘管平、庄志茜	
1999 年	以花园城市新加坡为例谈城市园林设计的几个特点	中国文物学会传统建筑园林委员会第十二届学术研讨会会议文件	城市规划研究	刘管平、郭昊羽	会议论文

续表

发表时间	题名	发表单位（期数）	类型	作者	备注
1999 年	从南越国御苑遗址考古发现谈秦汉时期园林的特点	中国文物学会传统建筑园林委员会第十二届学术研讨会会议文件	园林景观研究	曾　玲、刘管平	会议论文
1999 年 2 月	人·宅·文——岭南宅园纪实二则	建筑师（54）	园林景观研究	刘管平	
1999 年 4 月	环境·形象·旅游——析广州旅游业的再发展	建筑师　建筑学术双月刊（87）	城市规划研究	刘管平	
1999 年	风水思想影响下的明代广州城市形态	华中建筑（2）	建筑历史研究	周　霞、刘管平	
1999 年	"天人合一"的理想与中国古代建筑发展观	建筑学报（11）	建筑历史研究	周　霞、刘管平	

续表

发表时间	题名	发表单位（期数）	类型	作者	备注
2000 年	我国三大传统景园之比较	中国文物学会传统建筑园林委员会第十三届学术研讨会会议文件（二）	园林景观研究	刘管平、孟 丹	会议论文
2001 年	论余荫山房的保护与发展前景	中国文物学会传统建筑园林委员会第十四届学术研讨会会议文件	园林景观研究	郭秀瑾、刘管平	会议论文
2001 年	广州沙面历史文化价值的认识、保护和开发	中国文物学会传统建筑园林委员会第十四届学术研讨会会议文件	城市历史研究	关健斌、刘管平	会议论文
2001 年	梅州客家民居探索	中国文物学会传统建筑园林委员会第十四届学术研讨会会议文件	建筑历史研究	肖 苑、刘管平	会议论文
2005 年	西南古刹·双桂堂——中国佛教寺院艺术浅探	古建园林技术（1）	建筑历史研究	唐思凤、刘管平	

续表

发表时间	题名	发表单位（期数）	类型	作者	备注
2005 年	公众参与城市规划评价体系初探	东南大学学报：自然科学版（8）	城市规划研究	孟 丹、刘管平	东南大学学报（自然科学版）增刊
2005 年 9 月	城市环境空间再生的探讨——河宕贝丘遗址规划思索	城市规划面对面——2005 城市规划年会论文集（下）	城市规划研究	刘管平、唐思凤	会议论文
2005 年 9 月	急功近利的风景	城市规划面对面——2005 城市规划年会论文集（下）	园林景观研究	刘管平、谢 纯	会议论文
2006 年	山水画与中国古典园林的起源和发展	风景园林（1）	文化、心理研究	罗瑜斌、刘管平	
2006 年	环境心理学与校园绿化设计	广东园林（6）	文化、心理研究	梁颖仪、刘管平	
2007 年	从视线分析看苏州网师园景观规划	古建园林技术（2）	园林景观研究	高 彬、刘管平	

续表

发表时间	题名	发表单位（期数）	类型	作者	备注
2007 年	浅议视线分析与景观设计及效果——从苏州网师园谈起	广东园林（5）	园林景观研究	高　彬、刘管平	
2007 年	珠江后航道"下市涌——消防中队"滨水地段景观环境整治规划	华中建筑（10）	城市规划研究	唐思风、焦耀明、刘管平	
2007 年	佛山市禅城区河宕贝丘遗址规划研究——兼议规划研究中城市空间再生理念	规划师（11）	城市规划研究	唐思风、刘管平、高　彬、邹　楠	
2008 年	从意境的追求到理性的回归——自然要素在古今园林艺术中的运用	古建园林技术（3）	园林景观研究	高　彬、刘管平	
2009 年 7 月	岭南园林的特征	广东园林	园林景观研究	刘管平	《广东园林》增刊

续表

发表时间	题名	发表单位（期数）	类型	作者	备注
2010 年	一座"明堂式"构图的边郡唐"亭"	中国园林（7）	园林景观研究	何丽、刘管平、巫丛	
2011 年	海外对华城市史研究综述	四川建筑科学研究（2）	建筑历史研究	何丽、刘管平、巫丛	

附录二 书中涉及的工程项目

（1）广东惠州西湖总体规划与设计（已建成）；

（2）贵州国家级风景名胜区贵州黔南风景名胜区总体规划；

（3）广东海康雷州雷湖规划设计（已建成）；

（4）广东国家级风景名胜区肇庆星湖东、西景区规划设计；

（5）贵州镇远潕阳河风景区总体规划（规划方案）；

（6）湖北隆中风景区"诸葛草庐"修复规划设计（规划方案）；

（7）广东汕头市金砂公园规划设计（已建成）；

（8）广东新会市圭峰山风景名胜区总体规划；

（9）广东肇庆七星岩风景名胜区开发规划；

（10）广东三水市纪元塔景区设计；

（11）广东佛山市禅城区河宕贝丘遗址规划；

（12）广东佛山市建新路街区保护与更新规划；

（13）广东广州文化公园"园中院"（与郑祖良、何光濂、利健能合作，已建成）；

（14）广东珠江后航道"下市涌——消防中队"滨水地段景观环境整治规划；

（15）广东华南理工大学建筑设计研究院大楼（建筑设计竞赛获选方案，已建成）；

（16）广东广州中山医科大学附属第一医院门诊大楼；

（17）福建厦门火炬园区景观整治设计；

（18）广东湛江湖光岩观海楼（已建成）；

（19）广东梅县泮坑风景区规划；

（20）广东深圳锦绣中华（总平面设计）；

（21）广东深圳东湖宾馆；

（22）广西柳州东亭；

（23）四川西南古刹·双桂堂；

（24）四川大足道场园林（方案）；

（25）广东开平三埠公园；

（26）广东海康雷州雷湖规划设计（已建成）；

（27）广东中山市中山公园（已建成）；

（28）广东阳春凌霄岩景区规划设计；

（29）广东华南工学院（今华南理工大学）景墙花架廊（建筑小品，已建成）；

（30）广东华南工学院（今华南理工大学）西湖桥（建筑小品，已建成）；

（31）广东华南工学院（今华南理工大学）圈凳及排凳（建筑小品，已建成）；

（32）广东东莞可园大门（建筑小品，已建成）；

（33）广东阳春市龙官岩风景区小茶室（建筑小品，已建成）；

（34）广东惠州西湖逍遥堂；

（35）广东东莞市中心运河旁的现代城市花园；

（36）广东肇庆仙湖新景区——野趣园；

（37）广东遂溪县琴苑（建筑小品，已建成）。

附录三 作者指导的研究生论文成果

年份	题名	姓名	学位	学科分类	备注
1988	广州园林建筑研究	谢 纯	硕士	建筑设计及其理论	岭南园林研究
1989	潕阳河风景名胜区风景点系统规划	鲍戈平	硕士	建筑学	
1989	论茶楼设计	缪德智	硕士	建筑设计及其理论	
1989	潕阳河风景名胜区总体规划	何其林	硕士	建筑设计及其理论	
1989	潕阳河风景名胜区旅游点系统规划	姜文艺	硕士	建筑设计及其理论	
1991	整体环境空间的有机生成——建筑分数维空间研究初探	何 磊	硕士	城市规划与设计	
1992	岭南园林发展研究	肖毅强	硕士	城市规划与设计	岭南园林研究
1995	岭南建筑庭园环境水文化研究	冷瑞华	硕士	建筑设计及其理论	岭南园林研究

续表

年份	题名	姓名	学位	学科分类	备注
1995	旅游景园意向分析	岑　岭	硕士	风景园林规划与设计	
1996	经济发达地区旧城改造的环境观理论和方法	魏　开	硕士	风景园林规划与设计	
1996	佛山市建新路祖庙——东华里段保护与更新规划研究	郭昊羽	硕士	风景园林规划与设计	
1996	珠江三角洲城郊风景名胜区规划探讨——新会市圭峰山风景名胜区总体规划	周　霞	硕士	建筑设计及其理论	
1997	岭南园林与岭南文化	孟　丹	硕士	风景园林规划与设计	岭南园林研究
1997	场所观下旧城改造中的城市设计理论与方法	李少云	硕士	风景园林规划与设计	
1998	城市化进程中旧城中心区更新与保护规划研究——以广州旧城中心区综合改建为例	叶　青	硕士	风景园林规划与设计	

续表

年份	题名	姓名	学位	学科分类	备注
1999	城市人的显性、隐形需求与城市的发展	庄志茜	硕士	风景园林规划与设计	
1999	广州城市形态演进研究	周 霞	博士	建筑历史与理论	岭南园林研究
2001	城市商业步行空间环境景观研究	肖 艺	硕士	城市规划与设计	
2002	岭南造园艺术研究	陆 琦	博士	建筑历史与理论	岭南园林研究
2002	从珠三角大型住区探讨现代岭南住区园林的发展趋势	郭秀瑾	硕士	建筑设计及其理论	岭南园林研究
2002	旅游开发中历史街区公共空间的改造	关健斌	硕士	建筑设计及其理论	
2003	广州城市公共游憩空间规划设计研究	叶创基	硕士	城市规划与设计	
2003	广东地区居住空间人工地面环境营造初探	李希琳	硕士	城市规划与设计	
2004	珠江三角洲地区城市绿地系统研究	唐思风	硕士	城市规划与设计	

续表

年份	题名	姓名	学位	学科分类	备注
2004	珠江三角洲旅游农庄的规划设计研究	林步欢	硕士	建筑设计及其理论	
2004	生态建筑中自然光利用技术研究	包莹	硕士	建筑设计及其理论	
2004	阿尔瓦罗西扎建筑思想及其创作实践的研究与启示	巫智勇	硕士	建筑设计及其理论	
2004	中国当代城市意象化经营研究	郭昊羽	博士	建筑历史与理论	
2004	样式的对策——建筑的符号生产及象征的逻辑	冯原	博士	建筑历史与理论	
2005	以佛山为例的新城市中心区规划的探索与实践	程屹	硕士	建筑与土木工程	
2005	城市里中小型无污染新型专用工业建筑若干设计问题研究	吴航	硕士	建筑设计及其理论	
2005	广州大学城校园理水研究	唐勉	硕士	城市规划与设计	

年份	题名	姓名	学位	学科分类	备注
2005	城市环境再生空间的初步研究	廖颖华	硕士	城市规划与设计	
2005	城市屋顶利用对城市生活质量影响初探	杨力研	硕士	建筑历史与理论	
2006	公众参与城市规划机制与模式研究	孟丹	博士	建筑历史与理论	
2006	基于环境行为学的城市道路节点空间整合研究	吕萌丽	硕士	城市规划与设计	
2006	中国传统园林的空间设计思想对于现代校园设计的启示	唐雅男	硕士	建筑设计及其理论	
2006	工业遗址公园规划研究	陆少华	硕士	建筑与土木工程	
2006	地铁车站出入口的规划与设计研究	李俊刚	硕士	建筑设计及其理论	
2006	现代景观设计中地域性理论与实践的研究	张蕾	硕士	城市规划与设计	
2006	岭南城市行政办公空间与岭南园林关系初探	林超慧	硕士	建筑设计及其理论	岭南园林研究

续表

年份	题名	姓名	学位	学科分类	备注
2006	城市设计中的景观整合探索	王荣彪	硕士	城市规划与设计	
2007	现代城市居住区户外环境设计研究	张蕾	硕士	城市规划与设计	
2007	广州旧城危旧房改造研究	梁颖怡	硕士	城市规划与设计	
2007	石湾制陶古镇研究	许刚	硕士	城市规划与设计	
2007	枢纽机场旅客航站楼建筑研究	肖苑	硕士	建筑设计及其理论	
2007	小城市（镇）城镇化发展策略的探讨——以百色为例	刘涛	硕士	建筑与土木工程	
2007	百色市红色旅游规划研究	何钦	硕士	建筑与土木工程	
2007	惠州水东旧街综合复兴研究	涂海蓉	硕士	建筑与土木工程	
2008	广州水系变迁与城市景观演进研究	温墨缘	硕士	建筑学	岭南园林研究
2008	广州荔湾核心滨水区再开发规划研究	邹岳文	硕士	建筑学	

年份	题名	姓名	学位	学科分类	备注
2008	住区入口空间研究	罗向兼	硕士	建筑学	
2008	广州园林自然要素研究	高 彬	博士	建筑学	岭南园林研究
2008	黄埔区商业网点规划研究	孙伟明	硕士	建筑学	
2009	基于建造概念的现代建筑尺度意义研究	肖毅强	博士	建筑学	
2009	中国社会经济背景下的紧凑城市理论应用研究	谢伟艺	博士	建筑学	
2009	城市空间景观再生研究	唐思风	博士	建筑学	
2010	清代沈阳城市发展与空间形态研究	王茂生	博士	建筑历史与理论	
2011	柳州城市发展及其形态演进（唐—民国）	何 丽	博士	建筑学	

参 考 文 献

[1] 李长傅. 禹贡释地. 陈代光，整理. 郑州：中州书画社，1982.

[2] 谭力浠，朱生灿. 惠州史稿. 惠州：惠州市文化局，1982.

[3] 施元之. 东坡寓惠集注释. 刻本. 北京：麟书阁，1836（清道光十六年）.

[4] 苏轼. 苏轼寓惠集//惠州市惠城区地方志编纂委员会. 惠州志·艺文卷. 北京：中华书局，2004.

[5] 薛居正. 旧五代史·刘险传（150 卷）. 北京：中华书局，1976.

[6] 方信孺. 南海百咏. 刘瑞，校注. 广州：广东人民出版社，2010.

[7] 张诩. 南海杂咏. 刘瑞，校注. 广州：广东人民出版社，2010.

[8] 樊封. 南海百咏续编. 刘瑞，校注. 广州：广东人民出版社，2010.

[9] 陈荆鸿. 岭南名胜记略. 广州：广东省出版集团，广东人民出版社，2009.

[10] 仇巨川. 羊城古钞. 修订本. 陈宪猷，校注. 广州：广东人民出版社，2011.

[11] 屈大均. 广东新语. 北京：中华书局，1985.

[12] 李调元. 粤东笔记. 台北：新文丰出版社，1979.

[13] 范端昂. 粤中见闻. 汤志岳，校注. 广州：广东高等教育出版社，1988.

[14] 温汝能. 粤东诗海. 吕永光，整理. 广州：中山大学出版社，1999.

[15] 黄任恒，番禺河南小志. 香港：至乐楼，[1980].

[16] 黄佛颐. 广东城坊志. 仇江，郑力民，迟以武，点注. 广州：广东人民出版社，1994.

[17] 翁方纲. 粤东金石略. 台北：学海出版社，1977.

[18] 徐续. 广东名胜记. 香港：香港上海书局，1981.

[19] 计成. 园冶注释. 陈植，注释；杨伯超，校订；陈从周，校阅. 北京：中国建筑工业出版社，1981.

[20] 杜汝检，李恩山，刘管平，等. 园林建筑设计. 北京：中国建筑工业出版社，1986.

[21] 彭一刚. 中国古典园林分析. 北京：中国建筑工业出版社，1986.

［22］广州市博物馆. 广州文物与古迹. 北京：文物出版社，1987.

［23］张家骥. 中国造园史. 哈尔滨：黑龙江人民出版社，1987.

［24］邓端本，欧安年，江励夫，等. 岭南掌故. 广州：广东旅游出版社，1987.

［25］陈传席. 中国山水画史. 南京：江苏美术出版社，1988.

［26］冈大路. 中国宫苑园林史考. 常瀛生，译. 北京：中国农业出版社，1988.

［27］广州市社会科学研究所社会问题研究室. 广州的文化风格. 广州：广州文化出版社，1988.

［28］张友仁. 惠州西湖志. 麦涛，点校；高国抗，修订. 广州：广东高等教育出版社，1989.

［29］陈乃刚. 岭南文化. 上海：同济大学出版社，1990.

［30］金学智. 中国园林美学. 南京：江苏文艺出版社，1990.

［31］广州地名学研究会，广州市地名委员会办公室. 广州地名古今谈. 广州：中山大学出版社，1990.

［32］广州古都学会. 名城广州常识. 广州：中山大学出版社，1990.

［33］陆元鼎，魏彦钧. 广东民居. 北京：中国建筑工业出版社，1990.

［34］路平. 广州风物. 广州：广东科技出版社，1991.

［35］周维权. 中国古典园林史. 北京：清华大学出版社，2004.

［36］陈聿东，崔延子. 中国美术通识. 郑州：河南人民出版社，2004.

［37］金维诺. 中国美术：魏晋至隋唐. 北京：中国人民大学出版社，2004.

［38］薛永年，赵力，尚刚. 中国美术：五代至宋元. 北京：中国人民大学出版社，2004.

［39］曹林娣. 中国园林文化. 北京：中国建筑工业出版社，2005.

［40］计成，赵农. 园冶图说. 济南：山东画报出版社，2003.